国家自然科学基金项目(51404248)

江苏高校优势学科建设工程资助项目(PAPD)

特厚煤层沿底巷道顶煤变形机理与控制技术

严　红　著

中国矿业大学出版社

内 容 提 要

本书以特厚煤层沿底巷道为研究对象,采用现场调研、数值模拟、力学计算、现场工程实践等综合研究方法,较系统地分析了顶煤离层机理与关键影响因素、新型离层监测方法、厚煤顶支护安全性评价方法及控制技术等,并给出工程应用实例。

本书可供从事采矿工程的科研、设计、生产单位工程技术人员及大专院校相关专业师生参考。

图书在版编目(C I P)数据

特厚煤层沿底巷道顶煤变形机理与控制技术 / 严红
著. — 徐州 : 中国矿业大学出版社,2017.2
ISBN 978 - 7 - 5646 - 2955 - 7

Ⅰ.①特… Ⅱ.①严… Ⅲ.①特厚煤层—巷道—围岩
变形—研究 Ⅳ.①TD353

中国版本图书馆 CIP 数据核字(2015)第 298682 号

书　　名	特厚煤层沿底巷道顶煤变形机理与控制技术
著　　者	严　红
责任编辑	马晓彦
出版发行	中国矿业大学出版社有限责任公司
	(江苏省徐州市解放南路　邮编 221008)
营销热线	(0516)83885307　83884995
出版服务	(0516)83885767　83884920
网　　址	http://www.cumtp.com　E-mail:cumtpvip@cumtp.com
印　　刷	江苏淮阴新华印刷厂
开　　本	787×1092　1/16　印张 11.75　字数 224 千字
版次印次	2017 年 2 月第 1 版　2017 年 2 月第 1 次印刷
定　　价	38.00元

(图书出现印装质量问题,本社负责调换)

前　　言

　　在我国，特厚煤层赋存矿区分布较广，如大同、阳泉、平朔、西山、兖州、潞安、神东、宁东矿区等。每年特厚煤层沿底巷道开掘和维护数量庞大，且由于开掘断面大、顶板由厚煤层和多层薄层状软弱夹矸层组成、煤层中节理裂隙普遍发育等复杂因素，在顶板变形特性及灾变机理、顶板离层形成机制及关键影响因素、顶板合理控制技术等方面研究极具挑战性，特厚煤层沿底巷道顶板失稳致灾已成为我国煤矿井下各类巷道顶板灾害中发生频率最高和造成人员伤亡事故最严重的灾害之一，并严重制约着我国特厚煤层赋存矿区煤炭的安全、持续和高效开采。

　　因此，本书在总结前人研究工作的基础上，以特厚煤层沿底巷道为对象，主要对巷道围岩变形特征及其变形关键影响因素、顶板灾变发展机理、顶板离层科学定义、离层变形机理、离层的关键影响因素、离层的科学监测方法、顶板安全性评价综合指标及评价系统、顶板控制技术等内容开展系列研究。全书共七章，各章主要研究内容如下：

　　（1）第一章论述了特厚煤层沿底巷道顶煤安全状况、顶板离层以及支护理论与技术的研究现状和研究意义、存在的问题，提出了研究内容和方法。

　　（2）第二章结合多个典型工程实例，利用数值模拟的方法研究了特厚煤层沿底巷道的围岩变形特征；从工程结构、沉积结构和支护结构方面对特厚煤层沿底巷道顶板变形影响因素进行了分类，并确定出其中的关键影响因素；分析探讨了特厚煤层沿底巷道顶板灾变过程和机理。

　　（3）第三章研究了特厚煤层沿底巷道顶板离层。提出了顶板离层概念并进行了分类，探讨了不同支护条件下顶板离层机理，构建了顶板离层数值模型，确定了顶板离层的关键影响因素。

　　（4）第四章主要研究了特厚煤层沿底巷道顶板控制理论和技术。如：特厚煤层沿底巷道顶板安全性判定原则和加固方法；以控制危险离层发展为核心的新型"多支护结构体"系统，包括该系统的组成子结构及其支护原理。

　　（5）第五章研究了特厚煤层沿底巷道顶板离层监测方法与顶板安全评价分析系统。提出了一套顶板离层监测新方法和以"离层类"监测为核心的顶板安全评价指标及顶板安全性分析评价系统。

（6）第六章分别介绍了采动影响下特厚煤顶大断面回采巷道和软弱厚顶煤大跨度开切眼两个工程实例，验证了上述理论研究的可靠性和实用性。

（7）第七章归纳了本书研究得出的主要结论，并对后续研究工作进行展望。

在本书编写过程中，得到了中国矿业大学矿业工程学院领导、老师和众多专家、学者的大力支持和指导。中国矿业大学（北京）何富连教授在作者博士学习期间所进行的研究课题给予了深入指导；我国煤矿巷道围岩控制领域著名学者、中国矿业大学侯朝炯教授对研究的切入点和深度方面进行了悉心指点和帮助；中国矿业大学（北京）王家臣教授、侯运炳教授、孟宪锐教授、许延春教授、马念杰教授、张守宝副教授、谢生荣副教授等对研究内容、写作思路、研究方法等提出了大量宝贵建议，在此谨向他们致以衷心的感谢！

本书中工程实践涉及我国多个现代化煤矿。在此，对有关领导及工程技术人员的大力支持和热情帮助表示诚挚谢意！

本书还引用了国内外大量的文献资料，对这些专家和学者深表感谢！同时，还要感谢中国矿业大学出版社的大力支持与关心！

本书的出版得到国家自然科学基金项目（51404248）、中国博士后科学基金项目（2014M551702）、江苏高校优势学科建设工程资助项目（PAPD）、江苏省品牌专业建设工程项目（PPZY2015A046）、深部煤矿采动响应与灾害防控安徽省重点实验室开放基金（KLDCMERDPC15101）的资助，在此一并表示感谢。

由于作者水平和学识所限，书中难免存在疏漏、缺陷和错误之处，恳请专家和读者批评指正。

著　者

2017 年 1 月

目　　录

第一章 绪 论

第一节 引 言

　　煤炭是我国的主要能源之一,在所有一次能源的生产和消费总量中煤炭占比值分别达到 76％和 69％,2014 年我国原煤产量已达 38.7 亿 t。在《能源中长期发展规划纲要(2004～2020 年)》中也明确提出"坚持以煤炭为主体、电力为中心、油气和新能源全面发展的能源战略"目标。因此,在相当长一段时期内煤炭的主体能源地位不会改变。

　　我国矿山顶板灾害威胁严重,顶板事故目前在我国矿山各类事故中发生频率最高。由于煤系地层赋存条件复杂、岩体普遍较软弱且节理裂隙发育,矿山顶板事故中又以煤矿顶板事故发生率最高且造成的事故伤亡人数最多,仅 2010 年我国煤矿顶板事故死亡人数就达 890 人。然而,由于单次顶板事故伤亡人数普遍在 10 人以下,与透水、火灾等事故单次伤亡人数悬殊巨大,因此一些煤矿未给予足够的重视,但频繁发生的顶板事故迫使煤矿科技和管理人员开始将顶板事故防治视为与瓦斯、水灾事故防治同等重要。国家安全生产监督管理总局统计得出 2001～2010 年煤矿主要事故发生数,如图 1-1 所示,顶板事故数分别为透水、火灾灾害事故数的 8 倍和 49 倍。据联邦矿山安全与健康局(MSHA)报告,在美国,因顶板事故造成的死亡人数在所有地下死亡人数中占比值高达 70％,1995～2000 年印度顶板事故数及死亡人数在井下所有事故数和死亡人数中也分别占比为 43.6％和 41.9％。

　　国家"十五"、"十一五"和"十二五"煤炭工业发展规划中,分别将煤矿突发性灾害监测及防治、煤矿重大安全隐患防治技术及煤矿围岩支护机理研究内容列为重点科技攻关课题。矿山顶板灾害的研究涉及地质、采矿、力学、地球物理等学科,顶板灾害发生时一般没有明显的宏观前兆,具有突发性、瞬时性、巨大破坏性的特征,顶板灾害发生主要是顶板岩体由于采掘活动在变形破坏过程中应力场、位移场非线性转移、积累和释放显现的力学过程,是其外部岩体环境、内部岩性结构、地质构造及其物理力学性质的综合反映,具有明显时空演化特征。

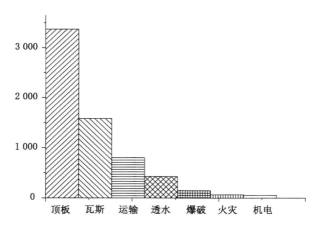

图 1-1　2001～2010 年我国煤矿主要事故发生数统计结果

我国厚煤层可采储量约占全国总可采储量的 45%。伴随我国煤矿开采强度与规模的不断增加以及采煤工作面装备的大型化，相应地各类巷道的断面也越来越大，各大型矿井回采巷道宽度普遍已达 5～6 m，断面面积达到 16～20 m²，有的甚至更大，接近甚至突破了部分学者提出的平均临界巷道宽度值，对于大跨度特厚煤层沿底巷道围岩控制系统研究迫切而必要。

通过对大量特厚煤层沿底巷道支护情况调研：部分现场采用传统的支护理念或工程类比法设计支护方案，巷道服务期间往往表现为顶板剧烈下沉、两帮回缩、底鼓等异常矿压显现特征，如图 1-2 所示；部分巷道甚至发生局部或大面积突发性顶板垮冒事故，造成重大经济损失和人员伤亡；缺乏厚煤层巷道变形特征的研究，尤其是厚顶煤离层灾变特征的深入研究；已公开的大部分研究成果忽略了特厚煤层沿底巷道顶煤性质、夹矸层及煤与矸交叉混合等因素影响。因此，深入研究特厚煤层沿底巷道变形特征、顶板离层变形机理及科学合理的顶板控制技术意义重大。

对于厚煤层巷道顶板灾变过程，部分学者认为是煤岩界面处层面先离层、煤梁端部断裂、解除约束后顶板向某一方向运动而发生事故。煤矿回采巷道中普遍安装顶板离层仪，顶板离层变形数据由煤矿现场技术人员进行观测和记录。然而，该测量方式存在以下几种缺点：观测不方便，误差大；数据实时连续性差，且随机盲目性强；数据集中分析处理烦琐且效率低。因此，我国部分煤炭高校和科研院所[中国矿业大学、中国矿业大学（北京）、山东科技大学、太原理工大学、煤炭科学研究总院、山东大学等]、企业（尤洛卡矿业安全工程股份有限公司、济南科泰测控技术有限公司、山西潞安环保能源开发股份有限公司、兖州煤电股份

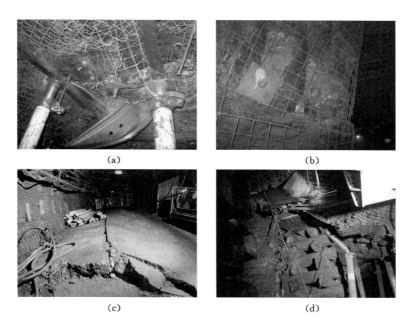

(a)　　　　　　　　　　　　　(b)

(c)　　　　　　　　　　　　　(d)

图 1-2　部分特厚煤层沿底巷道异常矿压
(a) 顶板下沉；(b) 煤帮内移；(c) 底板起裂底鼓；(d) 加强单体柱体弯曲

有限公司等)对其智能化改进开展了大量研究工作,已成功开发出 KZL300、KJ216、KJ132 等系列成套巷道顶板离层智能监测系统。这类监测系统的共同原理是:将煤矿井下巷道顶板的离层监测数据通过在线传输模式至地面主机,然后结合开发的在线离层监测软件对井下传输的离层数据进行分析,并根据现场对数据的不同要求,形成相应的数据或曲线报表。顶板离层智能监测系统研制的成功减少了现场作业人员的工作量,提高了顶板离层数据监测的准确度,在一定程度上有利于现场人员及时了解顶板变形动态,并针对顶板变形异常区域采取加固措施。

　　然而,软硬件装备仅是锚杆支护巷道是否离层的外在监测手段,能够捕捉并记录顶板离层值,在宏观上起到一定的指示预警作用。但是对于巷道顶板离层发生机理和演化特征等内在原因如果分析不清楚,也可能导致顶板事故发生,如:哪些因素会导致离层,主导因素是什么,测站如何设置能正确揭示离层特征,如何解释和应用离层测量数据,利用监测数据如何有效地建立和评判围岩控制系统。国内外学者对此作了一定的研究,然而已公开的研究成果多依赖于连续性数值模拟分析,倾向于复合顶板岩层离层研究,以及单一方法得出离层界限值(结合锚杆与锚索延伸率或实测顶板垮冒离层值)等。同时,缺乏将离层变形信息应用于巷道顶板支护系统评价,尤其是对于极具研究和广泛推广性的特厚煤层沿底巷道而言相关研究更少,特厚煤层沿底巷道顶板与传统研究的复合岩层顶板变形、离层特征差别较大。由于厚煤顶中含多层薄层状软弱夹矸层、煤层中节理裂隙普遍发育且巷道跨度较大,采掘过程中巷道垮冒威胁性大。其中如顶板变形特征、离层机理、影响因素、支护安全性、支护技术等关键问题的研究,对于指导巷道矿压监测方案科学设计和保障巷道围岩稳定至关重要。例如,煤矿现场大多对特厚煤层巷道顶板安全性评估依赖于顶板表面位移值和离层临界值。对于顶板离层临界值而言,煤矿现场普遍将其设定为 100 mm,当离层变形超过此值时,即认为顶板处于不安全状态,这是不科学的判定方法,易导致现场生产过程中出现两种不利结果,即顶板出现垮冒而示警信号还未发出和顶板尚无冒落危险可能的情况下预警系统频繁报警,而"谎报"既易降低井下人员安全防范心理,又会增加无谓的强化支护费用。

本书在总结前人研究工作的基础上,以特厚煤层沿底巷道为对象,综合现场调研、实验测试、力学模型分析、数值模拟和现场实测方法,主要对巷道围岩变形特征及其变形关键影响因素、顶板灾变发展机理、顶板离层定义、离层变形机理、离层的关键影响因素、离层监测方法、顶板安全性评价综合指标及评价系统、顶板控制技术等内容开展系列研究,并在现场进行实践验证,取得了良好的社会经济效益,有效保障特厚煤层沿底巷道顶板支护安全,防止巷道顶板垮冒,形成一套完善的特厚煤层沿底巷道顶板变形监测、控制和安全性判定系统。研究成果有利于提高特厚煤层沿底巷道顶板监测的科学性,克服盲目性。同时,对于推动特厚煤层沿底巷道顶板支护技术改革和安全性判定有重要的理论与实践意义。

第二节　巷道顶板离层与支护技术研究综述

一、巷道顶板离层的研究概况

我国煤炭产量的快速增长和经济效益的稳步提升并未使得顶板灾害事故大幅减少,各地顶板事故仍频繁发生,这迫使煤矿现场及研究人员开始探索如何更有效地监测和防范顶板事故的问题。众多矿用安全监测设备也得到快速发展,尤其与顶板安全关系最为密切的顶板离层监测仪器发展十分迅速。总体来看,煤矿井下顶板离层监测仪器的发展历程主要经历了两个阶段:机械式直读离层位移指示仪和智能化离层监测系统。

(1)机械式位移指示仪。该类型的离层仪仅由简单的机械结构组成,顶板监测的具体离层数据则由现场工程技术人员进行测读。例如,LBYⅢ型顶板离层仪和 DLZ-2 型顶板离层位移指示仪,前者监测原理主要是依靠孔内钢丝将离层位移转换为孔口钢管的相对位移,而后者通过内、外测筒随巷道顶板深、浅岩层的相对位移变化而在对应测筒的标尺上反映出离层量。

（2）智能化离层监测系统。其基本原理是:将生成的离层变形数据进行转化,生成磁信号、电信号等,采用电缆或其他媒介将信号传输至地表,再由地面装置将其转化为离层变形数据值,并将所有生成的数据自动传输、储存和分析,其基本架构如图 1-3 所示。

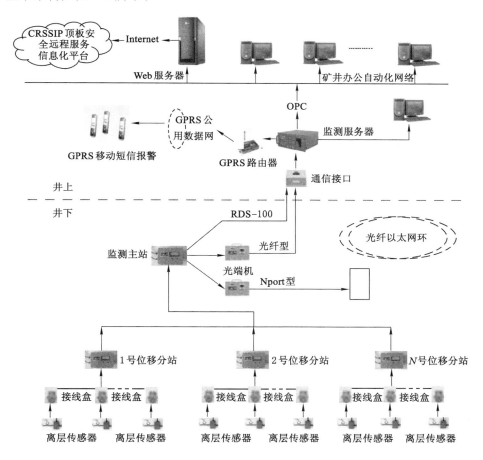

图 1-3　某智能化离层监测系统的组成结构

煤矿现场中的智能化离层监测系统主要有 GDY306 型矿用顶板位移监测系统、锚网支护巷道顶板离层监测系统、光栅位移监测系统、KZL-300 离层监测系统和尤洛卡矿业安全工程股份有限公司开发的 KJ-216 离层监测报警系统等。

除此之外,还有气囊固定式顶板离层仪、顶板离层无线式监测装置等。在此,以 KJ-216 顶板离层报警系统为例进行介绍。该系统采用分布式总线技术和智能一体化传感器技术,每台下位位移分站连接智能传感器,多台位移分站可组成多个采区的监测网络,如图 1-4 所示,矿用位移分站与上位主站连接将监测数据传送到井上监测服务器。顶板离层系统采用隔爆兼本安型电源供电,每台电源可同时供电多个离层监测传感器。离层传感器采用钻孔式安装,每个钻孔(传感器)设置 2 个基点,传感器可设离层位移报警阈值,超值时借助声光报警器提示。

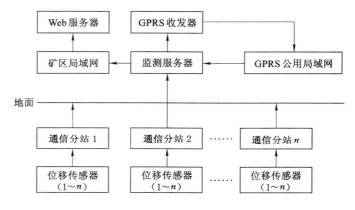

图 1-4 监测网络的组成框图

总结上述发展过程,顶板离层在线监测系统是在机械式测量工具的基础上进行智能化改进和完善的产物。由于它集在线测量、数据采集和超限报警为一体,不仅可大幅降低现场监测强度,减少工人作业量;更重要的是能够准确、实时连续记录顶板的变形特征,为现场技术人员或院校科研人员进一步分析特定支护状态下顶板支护状况提供依据,验证或完善相应的支护对策,必将得到进一步的推广应用和发展。

对于煤矿巷道顶板离层,煤炭科学研究总院鞠文君教授等认为离层的含义不应局限于岩层间的分离,还包括岩层的扩容、碎胀、折曲等;近年来随着工程实践的开展,提出了临时性顶板离层、周期性顶板离层、临界离层面积的概念,现场根据顶板离层不同位置,一般又分为锚杆锚固外离层和锚固内离层。

苏联列宁格勒矿业学院 A.A.鲍里索夫教授认为离层是在顶板弯曲阶段煤和煤层中夹矸变形的结果,载荷通过煤与夹矸层间相互叠压支点附近从一层传递到另一层上。在破坏发展过程中各层的跨距从下向上逐步减小,使巷道两壁上方出现类似伞檐现象,且煤矸层间易受剪应力破坏。

$$\tau_{\max} = \frac{3}{2} \cdot \frac{Q_{\max}}{\sum h_i} \tag{1-1}$$

式中　$Q_{\max}$——危险断面中的最大正应力；

　　$\sum h_i$——煤与软弱夹矸的总厚度。

由此，最大剪应力值还可以表示为：

$$\tau_{\max} = 0.25\sigma_{\max} \tag{1-2}$$

通过对国内外大量文献检索，顶板离层理论研究主要集中在以下五部分：离层影响因素及离层形式；离层临界值的确定；离层规律的分析；离层机理的研究；离层稳定性判定。

（一）第一部分：离层影响因素及离层形式研究

鞠文君等给出了顶板离层的几种形式，包括广义的弹塑性变形引起的离层、岩层扩容引起的离层，以及狭义上的微弱面滑动和张开导致的岩层间分离；并简要分析了 6 个影响巷道顶板离层变形因素。陆庭侃等概括了离层不同方式，即岩层受拉、岩层间挠度不一致、高水平应力作用、岩层间力学特性差异、地下水作用因素，并分析 5 个影响顶板离层因素，即直接顶厚度、巷道宽度、埋深、侧压系数及围岩力学性质，得出埋深和巷道宽度对离层影响均存在临界值，超过此临界值离层影响增大以及顶板岩层力学性质对顶板离层影响明显。陈勇等模拟分析了影响特厚煤层大断面巷道顶板离层几大因素，包括巷道埋深、侧压力系数、弹性模量、抗拉强度、内摩擦角、黏聚力、巷道断面及锚固方式，得出：巷道埋深、侧压力系数及弹性模量是影响顶板离层的关键因素；断面的宽度与高度相比，对顶板离层影响更为显著。

（二）第二部分：离层临界值的确定

顶板离层产生并不代表岩层失稳开始，只有当顶板离层发展到一定数值范围才会诱发失稳灾变。顶板离层临界值长期以来一直作为判定巷道顶板安全与失稳的重要指标，并受到国内外研究学者的重点关注。在国外，顶板离层临界值一般依据最大水平应力理论确定。当顶板岩层在水平应力作用下松动膨胀达到 1/10 时，水平应力影响程度急剧降低，岩层进入软化阶段，应力释放或发生转移。澳大利亚向英国、印尼、日本、波兰输出锚杆支护技术时，顶板离层界限按 1 in（约为 2.54 cm）考虑。

在国内，主要通过力学模型、数值模拟、现场监测统计、位移反分析正演、神经网络计算中的一种或多种混合方法得出巷道顶板离层临界值。

刘长武、沈荣喜等建立了锚网实体煤巷顶板临界离层的力学模型，如图 1-5 所示，通过将锚网实体煤巷掘进时顶板简化为固支梁和简支梁，得出了锚网煤巷的离层临界近似表达式。

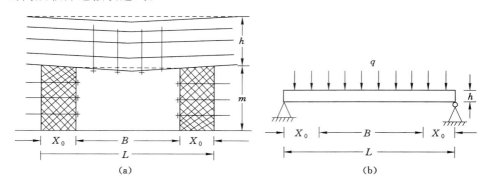

图 1-5　锚网支护实体煤巷离层临界值力学模型
(a) 临界状态的锚网组合体；(b) 抽象力学模型图

（1）仅锚杆支护而无锚索支护时，离层临界值为：

$$DIS_c = \frac{5\gamma(B+2X_0)}{32Eh^2} \tag{1-3}$$

式中　DIS_c——顶板离层临界值，m；

γ——顶板煤（岩）层容重，kN/m^3；

B——巷道跨度，m；

X_0——极限平衡区深入巷帮的宽度，m；

E——锚网组合梁的弹性模量，MPa；

h——梁高，m。

（2）锚杆、锚索联合支护时，离层临界值为：

$$DIS_c = (l_总 - l_外)E\sin\alpha \tag{1-4}$$

式中　$l_总$——锚索总长度，m；

$l_外$——锚索外露长度，m；

α——锚索安装时与巷道顶面的夹角，(°)。

周明提出首先按垮落时顶板离层值作为临界值，若没发生垮落就按经验设置较小离层值作为准离层值，然后根据离层情况，上下幅度进行调整。当所观测的离层量小于准离层值时，则不必修正；当实际顶板离层量超过设定值时，逐渐加大准离层值，再观测和修正。章伟等分别研究了锚网支护和锚索支护煤巷顶板离层临界值大小，认为锚网支护巷道顶板离层临界值与煤层赋存、开采技术条件、锚杆长度、直径、支护密度、金属网性质等因素密切相关；锚索支护巷道离层临界值主要取决于索体延伸率以及顶板倾斜角度。王泽进、鞠文君和张里程结合数值模拟和回归分析得出顶板锚固段内外离层临界值计算经验公式[式(1-5)

和式(1-6)];杨凤旺、毛灵涛提出将位移反分析正演法、神经网络和 FLAC 软件模拟结合起来确定离层临界值,即在测定巷道围岩位移量基础上,利用神经网络和反分析正演法得到围岩弹性模量和黏聚力,最后通过 FLAC 数值计算确定顶板离层临界值。

（1）锚固范围内顶板离层表达式：

$$U_d = 0.764 \frac{\lambda k \sigma H}{\sqrt{K_R \sigma}} + 4.537 \frac{B}{\sqrt{M_s Q}} - 49.163 \tag{1-5}$$

式中 σ——顶板上方相当于巷道宽度范围内的各岩层单轴抗压强度的加权平均值,MPa;

H——巷道埋藏深度,m;

B——巷道腰线位置的设计宽度,m;

Q——锚杆支护强度,kN/m²;

λ——侧压系数,即水平应力与垂直应力的比值;

k——反映采动影响的应力集中系数;

K_R——顶板完整性系数;

M_S——锚固系数,即锚固段长度与锚杆长度的比值。

（2）锚固范围外顶板离层表达式：

$$U_d = 0.025\ 9 \frac{\lambda k \sigma H}{\sqrt{K_R \sigma}} - 1.502 \frac{B}{\sqrt{M_s Q}} + 36.681 \tag{1-6}$$

（三）第三部分：离层规律的分析

澳大利亚 B. K. Hebblewhite 和 T. Lu 从现场某一平均埋深为 500 m 的巷道掘进时、掘进后和回采时三个阶段对顶板离层变形数据监测和分析后得出:掘进时,离层主要分布于巷道顶板以上 6 m 区域范围内,且较均匀;掘后一段时间后,离层变形出现区域集中化,主要分布于 2~3 m 和 5~6 m 两个范围内;受工作面回采影响时,合并形成较大的离层域,主要在顶板以上 6 m 处,离层范围进一步向顶板深处扩展。张百胜等根据非线性接触理论,运用 ANSYS 软件对大宁煤矿大断面全煤巷道层状顶板的离层特性进行模拟研究,并将得出的模拟结果与现场采用钻孔窥视读取的离层结果进行比较,数值模拟结果基本与现场相符,这为离层规律的研究提出了新的方法和分析思路。孔恒、张文军等从顶板离层的变形协调条件与锚杆锚固系统关系角度开展了相关研究,并结合现场验证说明离层监测和反馈的重要性。施从伟、沈有智主要从圭山煤矿顶板离层监测结果出发,得出:① 顶板离层主要集中在浅部层面交界处,深部也有离层但离层量不大;② 从记录的离层变化情况来看,顶板离层最初发生在离巷道顶板表面较近的地方,随时间的推移,离层从最初的较低岩层部位向较高岩层部位发展;③ 顶板离层量大小与工作面开采扰动密切相关,开采扰动较大,顶板离层值也较大。

（四）第四部分:离层机理的研究

李唐山、黄侃认为顶板离层是由于重力与顶板岩层中的法向拉伸应力超过了岩层的层面法向抗拉强度,直接顶下部岩层与上部岩层脱离,自重下沉造成岩层自下而上逐步减弱弯曲而在岩层间出现分裂现象。鞠文君等提出了广义顶板离层和狭义顶板离层的概念,认为顶板离层主要由围岩弹塑性变形、岩层扩容以及微观力学性质较差的弱面间滑动和松开等引起。时连强和郝玉龙等重点研究了综放巷顶板离层的作用机理以及按冒落拱稳定性、形状、冒落时间等对顶煤的冒落机理开展相关研究,认为层理面对顶板离层和冒落影响非常大。

（五）第五部分:离层稳定性判定

钱平皋、谢和平建立了顶板岩层稳定性力学模型,结合宏观损伤力学推导出顶板离层失稳准则。吴德义等研究了深部复合顶板离层稳定性,认为离层初期(0～25 d)以塑性离层为主,后期以层间离层为主;结构面离层分离范围可判定离层稳定值,结构面中部离层以拉应力为主,两端离层以剪应力为主。

纵观上述研究成果,在巷道顶板离层问题上,国内外学者已作了大量的研究工作,但是相关问题研究仍远落后于实践的需要,主要表现在以下两方面:

（1）顶板离层监测仪器在不断改进创新,但配合离层监测系统监测方法比较笼统。顶板在线离层监测系统由于具有实时监测、系统安装配置灵活、设置报警值后能自动声光报警等优点,在全国大部分矿区已得到推广使用,但其监测方法有待改进或优化,如顶板离层临界值合理化确定、钻孔中基点的安设位置以及巷道围岩中测试点的有效编排等,需要更深入地研究。

（2）大断面特厚煤层沿底巷道顶板离层机理、影响因素、监测系统布置、顶板安全性评价、控制技术与复合岩层顶板存在较大区别,文献中主要分析复合顶板岩层离层影响因素、变形特征及控制技术,而对于特厚煤层沿底巷道顶板离层机理及影响因素分析,除部分零星的数值模拟外,还未检索到其他相关研究成果;其次是已公开报道的利用数值模拟得出的成果多依赖于连续性差分软件,而顶板离层的变化发展是非连续性过程,采用非连续性数值软件开展研究或分析相对而言更为合理;再次是研究方法单一化,如单一地采用数值模拟分析或现场测试方法,而没有将模拟分析、现场监测和支护系统设计或优化进行综合性研究,导致部分研究成果难以有效在现场指导相关巷道围岩控制实验并得到推广使用。

二、煤巷锚杆支护机理研究现状综述

国内外学者对煤巷锚杆支护机理开展了大量深入的研究,研究成果为煤巷锚杆支护理论的进一步发展和支护技术在各种煤矿巷道中的推广应用奠定了坚

实的基础,主要的支护机理有以下几类:

(1)悬吊理论,由美国 Louis A. Panek 提出,如图 1-6 所示。该理论要求支护巷道的顶板上方需要有稳定且坚硬的岩层,对于锚杆控制范围内含稳定坚硬岩层情况的顶板支护效果进行了合理解释。但对特厚煤层沿底巷道而言,顶板由厚煤层和多层薄层状软弱夹矸层组成,锚杆支护范围内一般无稳定岩层,此时难以通过悬吊作用来指导锚杆支护设计。

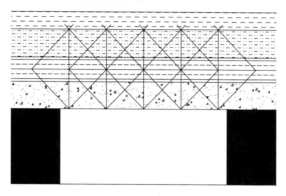

图 1-6 悬吊作用原理

(2)组合梁理论,如图 1-7 所示。层状顶板岩层在锚杆作用下形成一较厚岩层,然而,由于仅强调了锚杆对岩层的锁紧作用,因此忽视了岩层的自稳性特征;同时,当顶板岩层连续性受到破坏时,如松散破碎岩层,组合梁也就不存在了;另外,在层状岩层顶板中,顶板变形破坏也与高垂直应力密切相关,利用锚杆组合梁理论指导层状顶板锚杆支护设计也存在商榷之处。对于特厚煤层沿底巷道顶板而言,支护设计主要是基于水平应力或垂直应力作用考虑,还是两者综合作用考虑,在一定程度上也直接关系到组合梁理论适用性及其程度。

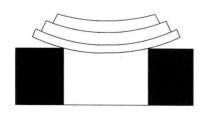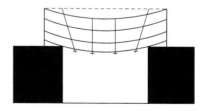

图 1-7 组合梁作用原理

(3)全长锚固中性点理论,由我国王明恕教授提出,如图 1-8 所示。锚杆能阻止深部和浅部围岩向巷道开挖空间的移动或变形,中性点特征为:① 拉应力达到峰值;② 剪应力值为 0。从中性点向锚杆浅、深两端方向拉应力逐渐减小,

特厚煤层沿底巷道顶煤变形机理与控制技术

而剪应力则逐渐增大。但运用该理论难以合理解释锚杆尾部破断机理等问题,有待进一步完善。

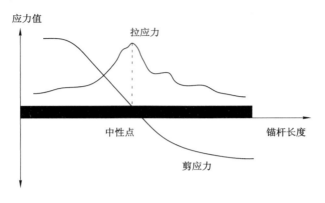

图 1-8　锚杆受力曲线

此外,早期还有侯朝炯教授提出的锚杆锚固强化理论、T. A. Lang 和 Pende 提出的加固拱理论、W. J. Gale 提出的最大水平应力理论等,以及近年来由中国煤炭科工集团有限公司康红普院士提出的关键承载圈支护理论、北京科技大学方祖烈教授提出的主次承载区支护理论、太原理工大学杨双锁教授提出的厚锚固板支护理论等,将锚杆支护机理的研究推进到更深层次阶段。

锚杆支护的对象是围岩,支护体与围岩体是相互关联的。在对锚杆支护作用机理研究的同时,国内外学者对围岩稳定性也开展了深入研究,提出如自然平衡拱理论、弹性体理论、围岩松动圈理论等,其中由中国矿业大学董方庭教授提出的围岩松动圈理论已得到矿业界的普遍认可和应用,松动圈分类如表 1-1 所列。

表 1-1　　　　　　　　　巷道支护围岩松动圈分类表

围岩分类		分类名称	围岩松动圈厚度值/cm
小松动圈	Ⅰ	稳定围岩	0~40
中松动圈	Ⅱ	较稳定围岩	40~100
	Ⅲ	一般围岩	100~150
大松动圈	Ⅳ	一般不稳定围岩(软岩)	150~200
	Ⅴ	不稳定围岩(较软围岩)	200~300
	Ⅵ	极不稳定围岩(极软围岩)	>300

松动圈理论指出:围岩松动圈的存在是巷道固有的特性,可通过多点位移计或声波仪测定松动圈范围。另外,巷道支护作用主要控制围岩松动圈产生、发展

过程中的碎胀变形力；根据围岩松动圈厚度值大小，可进一步将其分为小、中、大松动圈三类。

三、煤巷锚杆支护技术概况及发展进程

（一）国外煤巷锚杆支护现状

美国煤炭产量位居全球第二，仅次于中国，巷道顶板普遍采用锚杆支护，是锚杆支护技术最先进和应用最成熟的国家之一；澳大利亚重要的煤炭科学研究机构——联邦科学与工业研究组织（CSIRO）致力于锚杆机具和特种锚杆的研制，许多产品都处于世界领先水平；法国锚杆支护发展较快，在1986年其锚杆支护比重就达到50%；俄罗斯也研究开发了多种类型的锚杆；南非由于煤巷顶板普遍为稳定的硬砂岩，锚杆支护的应用十分普遍。

（二）国内煤巷锚杆支护现状

从20世纪50年代开始，我国首次应用锚杆进行支护，至今已有60余年。1956年使用钢砂浆无托板锚杆和机械端锚，但由于属单锚式，此类型锚杆在煤巷中应用效果不佳。20世纪60年代中期到80年代初期，主要为水泥锚固剂端头、低强度楔缝式或钢丝绳水泥砂浆式锚杆，仍为单式锚杆，相互间无连接；20世纪80年代中期至90年代中期，锚杆进入组合式支护阶段，主要为锚杆-钢带-金属网和锚杆-梯子梁-金属网，劳动强度低，支护效果好，得到了普遍推广；20世纪90年代后期至今，锚杆进入高强锚杆研究和普遍应用阶段，即锚杆直径从14～16 mm增加到20～22 mm，材质也由Q235钢改进为20MnSi高强钢，锚杆支护在各种困难煤巷中得到实验和应用推广。

经过"九五"、"十五"、"十一五"期间攻关及其后煤炭行业支护领域的科研人员及现场工程技术人员的努力探索和研究，巷道支护理论更为完善，设计方法更趋合理，支护形式更加多样，配套装备更为可靠，我国煤矿巷道锚杆支护成套技术日趋成熟，在煤矿得到了普遍推广应用，社会效益、经济效益均十分显著。锚杆支护作为继"综采支架"、"单体液压支柱"等采煤工作面支护改革之后的支护革命取得了基本胜利，以锚杆为核心的锚喷、锚网梁、锚杆（索）等支护形式已成为我国煤矿巷道支护的主要形式，使巷道支护的安全可靠性有了很大提高。从1996年开始，我国在引进国外先进技术经验的基础上，结合我国煤矿具体情况，经过大规模研究和实验，锚杆支护技术又有了新的发展。

近年来，随着锚杆支护实践与研究的深入，锚杆预应力支护结构的概念被提出，对预应力锚杆支护实质的探析，也有利于锚杆支护技术应用范围的进一步扩展。同时，也为煤巷现场工程技术人员进行锚杆支护设计提供了理论指导。

张农等通过分析几种常见锚杆支护形式，提出煤巷预拉力支护体系。指出

煤巷稳定的关键是顶板形成预应力结构,该结构既具有一定的变形能力,以充分发挥围岩的自承能力;又具有一定的支护刚度,限制岩体破坏的扩展,进而从根本上维持巷道稳定。美国 J. Stankus 等分析了井下巷道围岩中水平应力的作用机理,并得出顶板锚杆预应力有利于改变水平地应力对顶板消极影响,大幅提高煤巷锚杆支护结构体的稳定性。李广余对倾斜煤层煤巷锚杆支护巷道围岩受力情况进行了研究,建立了上帮"锚网挤压连续体"数学模型,在此基础上提出了应用帮锚索治理大倾角煤巷因动压影响造成底鼓变形、上帮折帮破坏的技术方案,并形成了一套完整的施工工艺。何富连等对桁架锚杆(索)的支护机理与应用进行了研究,指出桁架锚杆(索)由于具备施加多向高预应力、稳固的锚固点、锁紧结构等特征,在具体支护参数设计合理的情况下,能够保障复杂巷道顶板的稳定性。

四、大断面特厚煤层沿底巷道支护技术研究现状

特厚煤层是指单层可采煤层厚度在 8 m 以上的一类煤层,在我国分布较广,如大同矿区、平朔矿区、西山矿区、神东矿区、宁东矿区等,在我国占据煤炭产量为 57.1% 的晋陕蒙宁甘区特厚煤层赋存达到 100%,每年特厚煤层巷道的开掘和维护数量庞大。另外,伴随综合机械化开采技术的快速发展,采煤工作面装备的大型化也使得特厚煤层巷道的断面不断增加。

国内外学者在大断面煤巷顶板控制技术方面开展了大量研究,张东等提出采用锚网(索)加挑棚和木垛联合支护控制大跨度顶板变形;阚甲广等结合数值模拟方法分析了深井大断面切眼三次成巷的优越性;W. Lawrence 设计了 GRSM 支护模型,并对煤巷顶板支护方法进行了研究;周志利等从力学角度探讨了巷道断面增大对顶板变形的影响;张农等对软弱煤层顶板回采巷道锚杆支护技术开展现场实验研究。

对于特厚煤层顶板回采巷道支护研究方面,李磊提出采用弱面剪切位移峰值区斜拉锚索支护、拉破坏极不稳定区小间距高预应力锚杆支护以及弱面离层区层次锚杆支护的顶板"三区"(即弱面剪切位移峰值区、弱面离层区和拉破坏极不稳定区)关键部位加强支护技术;王金华等提出了采用高强度、强力锚杆与锚索联合支护技术;李术才等提出采用强让压型锚索箱梁(PRABB)支护系统。张国锋等提出采用恒阻大变形锚杆初次支护和顶板加强、两帮让压、底角加固的二次互补加强支护技术控制巨厚大地压软围岩煤层回采巷道变形;康立勋、杨双锁运用相似材料模拟实验和理论分析法对全煤巷道拱形整体锚固结构稳定性进行了分析,得出全煤巷道拱形整体锚固能够在顶板形成挤压式传力结构,大幅加强顶板铅垂方向的挤压力,进而保障顶板的稳定。

第三节 主要研究内容与研究方法

本书在总结前人研究工作的基础上,以特厚煤层沿底巷道为对象,主要对巷道围岩变形特征及其变形关键影响因素、顶板灾变发展机理、顶板离层定义、离层变形机理、离层的关键影响因素、离层监测方法、顶板安全性评价综合指标及评价系统、顶板控制技术等内容开展系列研究。全书共七章,各章主要研究内容如下:

(1)第一章对特厚煤层沿底巷道顶板安全状况、顶板离层以及支护理论与技术的研究意义、研究现状、存在的问题、研究内容和方法进行综合介绍、分析、归纳和总结。

(2)第二章结合多个典型工程实例和数值计算方法研究了特厚煤层沿底巷道采掘服务期间的变形特性;从工程结构、沉积结构和支护结构方面对特厚煤层巷道顶板变形影响因素进行分类,并确定出其中的关键影响因素;分析探讨了特厚煤层沿底巷道顶板灾变过程和机理。

(3)第三章对特厚煤层沿底巷道顶板离层开展研究。归纳分析了顶板离层的概念和分类方法,探究了无支护和锚杆(索)支护下顶板离层形成机理,构建了顶板离层数值计算模型,综合确定了影响顶板离层的关键因素。

(4)第四章主要研究了特厚煤层沿底巷道顶板控制技术。概述了特厚煤层沿底巷道顶板安全性判定原则和加固方法;提出以控制危险离层发展为核心的新型"多支护结构体"系统,并详细阐述了该系统的组成子结构及其支护原理。

(5)第五章围绕特厚煤层沿底巷道顶板离层监测方法与顶板安全评价分析系统开展研究。提出了一套顶板离层监测新方法和以"离层类"监测为核心的顶板安全评价指标,详细介绍了研发的顶板安全性分析评价系统。

(6)第六章重点介绍两个典型特厚煤层沿底巷道工程实例,分别为采动影响下特厚顶煤大断面回采巷道和软弱厚顶煤大跨度开切眼两种类型,验证了上述理论分析结果的可靠性和实用性。

(7)第七章是主要结论和后续研究工作。归纳了本书全部研究所得出的主要结论,并对后续研究工作进行展望。

根据以上研究内容,确定本书研究方法,即主要采用理论分析、实验测试、计算机数值模拟、现场实测等方法,各种方法相辅相成。

第二章　特厚煤层沿底巷道变形特性及顶板灾变机理

第一节　特厚煤层巷道变形特性

一、典型巷道调研及现场观测

（一）同煤集团同忻矿 5107 运输巷

5107 运输巷走向长度为 1 709 m，煤层平均厚度为 17 m，平均倾角为 3°，煤层较破碎，易塌落；煤层含 6 层左右夹矸，单层夹矸厚度最小为 0.14 m，最大为 0.49 m，平均厚度为 0.29 m；直接顶为粗砂岩，平均厚度为 3.64 m；直接底为碳质泥岩，平均厚度为 1.16 m，沿煤层底板掘进。

5107 运输巷为矩形断面，长×高＝5.3 m×3.7 m；顶锚杆间排距为 0.9 m×0.9 m，金属网支护采用 $\phi 6$ mm 圆钢，网格为 0.1 m×0.1 m；锚索直径为 17.8 mm，长度为 8.3 m，均与顶板垂直，间排距为 1.8 m×1.6 m；巷道两帮各布置 4 根左旋无纵筋螺纹钢锚杆，金属网支护采用 $\phi 6$ mm 圆钢，网格为 0.1 m×0.1 m。图 2-1 为回采过程中 5107 运输巷道典型区域变形特征，主要表现为：

（1）顶板下沉严重，最大下沉量达 1.5 m，钢带撕裂剪断，锚杆脱落，尤其受工作面回采作用影响变形剧烈，部分顶板支护构件出现破坏，如图 2-2 所示，局部顶板出现悬吊煤网兜现象。

（2）巷道煤帮出现较大鼓帮和垮帮现象，在工作面一侧煤帮垮帮深度达 1.0 m 左右，部分帮锚杆脱落，而一部分煤帮出现整体鼓出，外喷层浆皮脱落，煤帮部分区域酥碎，并形成空洞。

（3）巷道底鼓较大，实测最大底鼓量为 1.0 m，伴随整体底鼓发展，中间出现大裂缝，呈现中间高、两边低的底板破坏状态，部分区域出现二次裂缝分支破坏。

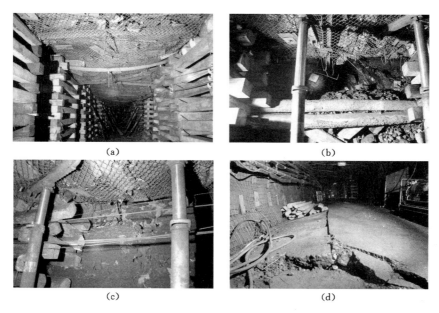

图 2-1 特厚煤层巷道典型变形特征

(a) 顶板下沉 0.5 m,工字钢梁弯曲;(b) 垮帮深度 1.0 m,部分帮锚杆脱落;

(c) 帮鼓 0.5～1.0 m;(d) 底鼓达 0.5 m

图 2-2 高应力作用下顶煤支护过程中破断的锚杆(索)构件

(a) 索体、锚杆螺母和托盘;(b) 破坏后的锚索

上述特厚煤层沿底巷道围岩变形破坏状况在 5105、5106 运输和回风巷道中也表现出来,现场主要通过加大顶帮支护强度和被动维持底板稳定措施,如增加矿用工字钢梁;采用大直径高强度长锚索;补打帮锚索和帮锚杆,对形成空洞区域充填马丽散注浆材料;底鼓处起底后重新铺底。

（二）金海洋公司五家沟煤矿 5204 运输巷

5204 运输巷掘进过程中煤层平均厚度为 12.03 m，裂隙发育，含夹矸 1～4 层，夹矸层厚为 0.1～0.38 m，主要为高岭石黏土矿物；直接顶为砂质泥岩，平均厚度为 2.19 m；直接底为砂质泥岩，平均厚度为 1.0 m。巷道采用矩形布置，宽×高＝5.3 m×3.5 m，顶锚杆是直径为 18 mm、长度为 2 m 的左旋无纵筋螺纹钢等强锚杆，锚杆间、排距分别为 0.8 m 和 0.9 m。

巷道在掘进过程中总体变形不大，其中两帮最大移近量为 110 mm，顶板下沉量为 60 mm。但在掘进工作面后方出现 5 次大小不等的冒顶，所幸未造成人员伤亡，最大冒顶长度为 18 m，最大冒顶宽度和高度分别为 5 m 和 8 m，如表 2-1 所列。可以得出：

表 2-1　　　　　　　　　　巷道掘进过程中冒顶情况

顺序	长度/m	宽度/m	高度/m
1	3.5	5	7～8
2	1～2	1	3
3	2	4	1.2
4	18	5	5～6
5	2	3	1

特厚煤层顶板巷道冒顶可分为局部小范围和整体性顶板垮冒，具有高突发性、高支护要求和强破坏性特征。同时，巷道多次冒顶破坏了顶板煤岩整体结构，增加了二次支护难度，也不利于顶板支护持续稳定。

（三）开滦集团赵各庄矿 3237 回采巷道

3237 回风巷和运输巷所掘煤层平均厚度为 10.69 m，煤层松软破碎，夹多层矸，煤层平均倾角为 35°；巷道埋藏深度为 1 078 m，沿煤层底板掘进，巷道断面积为 10.5 m²；采用 U 型钢支护，间距为 0.5 m。3237 工作面平均走向长度为 325 m，倾向长度为 96 m；3237 工作面回采过程中，分别对回风巷道和运输巷道开展位移变形量观测，每条巷道设两个观测站，数据记录结果如图 2-3 所示。

从图 2-3 得出，受工作面回采作用影响，特厚煤层沿底回风巷道和运输巷道变形有以下特征：

（1）巷道围岩变形大小与工作面回采影响程度关系密切，从图中可以得出：3237 工作面回采影响范围约为 50 m。当工作面与测点间距离大于 50 m 时，巷道变形值和变形速率均较小，主要与地应力、围岩强度、支护强度等因素有关；当工作面与测点间距离小于 50 m 时，巷道围岩变形值增长速度明显，变形量显著增大，巷道变形主要与采动应力、围岩强度等因素有关。

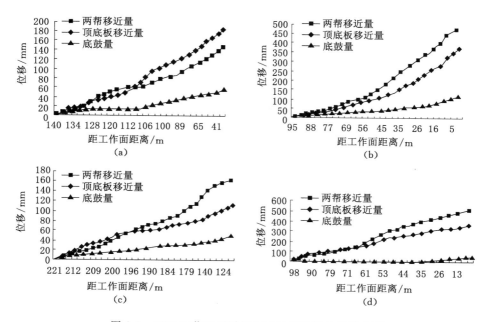

图 2-3　3237 工作面回采过程中回风和运输巷道变形
(a)回风巷测站 1;(b)回风巷测站 2;(c)运输巷测站 1;(d)运输巷测站 2

（2）当巷道围岩受工作面回采影响较小时,主要以两帮变形为主,即两帮位移量＞顶板下沉量＞底鼓量;当巷道围岩受工作面回采影响较大时,主要以顶板变形为主,即顶板下沉量＞两帮下沉量＞底鼓量,但巷道围岩整体变形量远大于受工作面影响程度较弱的区域。

（3）巷道顶板在开掘支护初期变形较小,但随巷道服务时间增加,顶帮煤受拉或剪应力影响作用,煤体裂隙发育,变形量持续增加。尤其受工作面回采影响,顶板和两帮出现较大变形,巷道厚顶煤支护过程中的安全性难以得到有效保障。

（四）华亭煤矿 409 回风巷道

华亭煤矿主采 5 号煤层,煤层厚度为 33.86～68.72 m,平均厚度为 51.51 m,平均单轴抗压强度为 11 MPa,含夹矸 4～5 层,煤层结构复杂且较为破碎,煤层倾角为 45°,采用水平分层综采放顶煤开采方法。409 回风巷道沿煤层底板布置,直接顶为砂岩或粉砂岩,单轴抗压强度为 40 MPa,厚度为 1.26～19.5 m,底板为砂岩、砂质泥岩和泥岩。巷道埋深为 465～514 m,梯形断面,顶锚杆是直径为 12 mm、长度为 2.4 m 的左旋无纵筋螺纹钢锚杆,锚杆间、排距分别为 0.7 m 和 0.8 m,巷道掘进过程中设多个测站,位移变形如图 2-4 所示。

从图 2-4 中可以得出:

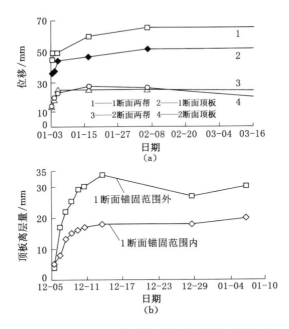

图 2-4　409 回风巷道位移及顶板离层观测曲线

（a）顶帮变形；（b）顶板离层

（1）巷道开掘后 2～5 天内受开挖扰动影响强烈。顶板及两帮围岩变形速率较大，并随掘进工作面远离测站，巷道围岩变形速率逐级减小，但变形量仍持续增大，大约 40 天后顶帮变形趋于稳定。

（2）掘进过程中巷道两帮变形量大于顶板，两帮最大变形量为 68 mm，顶板最大变形量为 52 mm；不同巷道断面对围岩变形影响较大，断面 1 面积大于断面 2，掘进过程中断面 2 的顶板及两帮变形量明显远小于断面 1。

（3）顶板深部围岩变形大于浅部围岩变形。顶板离层总体变形趋势与位移最大变形趋势基本一致，即：快速增加→逐步平缓→保持稳定，顶板深基点处离层最大值为 35 mm，出现在巷道开挖 15 天内，浅基点离层值也接近 20 mm。因此，要保障特厚煤层巷道顶板持续稳定关键是巷道开挖初期顶板的稳定支护。

（五）中煤平朔煤业集团井工二矿 29206 回风巷道

29206 回风巷道埋深约为 220 m，巷道顶煤平均厚度为 9.0 m，煤层倾角为 2.8°，煤层中含 2～7 层夹矸，夹矸多为泥岩和砂质泥岩等软弱岩层，煤体单轴抗压强度为 33.85 MPa，单轴抗拉强度为 1.93 MPa；直接顶为细砂岩，单轴抗压强度为 67.70 MPa，平均厚度为 2.23 m。巷道为矩形断面布置，长×宽＝5.2 m× 3.3 m；采用锚杆（索）支护，顶板选用 ϕ20 mm×2.4 m 螺纹钢锚杆，每排布置 5

根锚杆,锚杆间、排距分别为 1.1 m 和 1.2 m,巷道中间布置一排锚索,锚索长度为 7.3 m,排距为 3.6 m。

29206 回风巷共设置 5 个测站,位移测站间距为 50 m,应力测站间距为 10 m,分别选取 3 个测站的观测数据进行分析,图 2-5 为工作面回采影响下特厚煤顶大断面煤巷——29206 回风巷围岩顶帮位移应力观测结果。分析得出:受工作面采动作用影响巷道顶板下沉量较小,顶板移近量不超过 18 mm,最大离层值为 8 mm,顶板处于稳定状态;两煤帮整体收敛值较小,位移量不超过70 mm,但现场发现部分煤帮下侧区域存在较大鼓帮现象,帮角锚杆锚尾处托盘松脱。工作面采动过程中 29206 回风巷超前支承压力影响范围为 65～82 m;在距离采煤工作面前方 6.7～7.8 m 范围内,29206 回风巷侧向煤柱内支承压力达到峰值 7.37 MPa;在工作面煤壁前方 3.7～5.2 m 范围内,应力值低于原岩应力值,应力集中系数平均为 1.42。

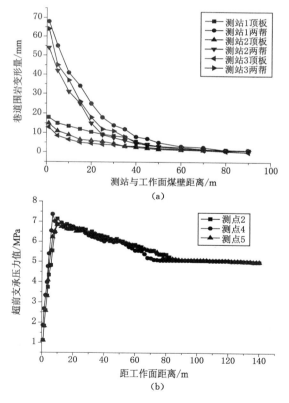

图 2-5　29206 回风巷随工作面采动位移及应力变化特征

(a) 顶帮变形;(b) 支承应力

29206回风巷围岩整体变形较小是由于顶煤抗压强度较大,但两煤帮支护过程中围岩塑性破坏范围大,锚杆支护锚固体抗剪切能力较弱,整体变形量小易掩盖支护危险的实质。一旦煤帮出现破坏,会严重影响大断面特厚煤层巷道顶板稳定和支护安全,导致采动煤巷围岩整体变形和破坏。

通过对上述典型巷道调研、观测和分析,可初步总结出特厚煤层回采巷道变形特征:

(1)巷道掘进过程中两帮移近量大于顶板下沉量,而在回采过程中顶板下沉量大于两帮下沉量,且回采过程中巷道围岩顶帮收敛值均大于掘进过程巷道变形值。采掘两个阶段巷道顶板和两帮变形趋势基本一致,表现为三个阶段:快速递增、平缓增加、保持稳定。

(2)开掘巷道变形与工程扰动影响程度密切相关。掘进扰动和回采作用均会加大巷道变形量,并随工程扰动影响程度减弱,巷道变形量也逐渐趋于稳定。因此,掘进阶段往往是巷道开挖初期一段时间变形率较大,回采阶段则是随采煤工作面距离减小而变形速率增大。

(3)巷道变形量与巷道稳定性之间的关系。通常而言,巷道变形量越大,围岩稳定性越差,越易产生巷道垮帮或冒顶事故;反之,巷道变形量越小,围岩稳定性越好,支护越可靠,巷道事故率越低。但对于特厚煤层回采巷道,由于顶帮或顶帮底均为煤层,顶煤厚度大,且煤层中裂隙发育,巷道变形量很小,仍出现顶煤冒顶事故,同时垮冒事故发生也易破坏顶煤稳定结构,带来支护安全隐患。

(4)巷道变形量差别较大,主要与煤的强度、煤岩沉积结构、巷道断面大小、围岩应力大小、支护强度等因素有关。但从总体而言,这些因素对特厚煤层巷道变形影响宏观表现为顶板下沉、两帮变形或底鼓,且顶帮变形往往大于底鼓量。

根据特厚煤层巷道在煤层中布置方式不同,又可进一步将其划分为全煤型巷道和非全煤型巷道两类,如图2-6所示。

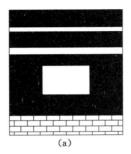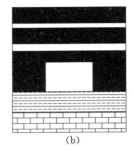

(a)　　　　　　　　　　　　(b)

图2-6　特厚煤层巷道布置方式

(a)全煤型;(b)非全煤型

全煤型巷道是将巷道整体布置在厚煤层中,巷道的顶帮底均为同一煤层;非全煤型巷道是沿煤层底板掘进,即巷道的顶和帮为煤层,而底板为岩层。由于各矿区特厚煤层中煤层厚度大小不同,两种类型巷道在现场应用都较普遍。因此,有必要深入探讨这两类巷道变形特征和应力分布特征。同时,由于我国煤矿井下地质条件复杂多变,煤层赋存厚度不均,井下支护过程中往往通过工程类比方法,对不同类型的回采巷道采用同一种支护方案或类似支护方案,而未结合回采巷道变形特征采取合理的锚杆(索)支护方案,造成特厚煤层回采巷道支护强度过高或过低,导致巷道支护过程中支护材料浪费或变形量过大等问题。

因此,将特厚煤层两种类型的巷道与传统回采巷道顶板、底板为岩层,两帮为煤层的巷道变形特征进行综合比较和分析,探索两者变形特征的相似和不同之处,以期得出一些有理论意义和现场参考价值的结果。

尽管我国传统回采巷道围岩组成千差万别,但大体仍可以分成四种类型,如图 2-7 所示。其中第一种围岩组成特点是顶、底浅部岩层强度低,而较深部岩层强度高;第二种特点是顶、底板围岩强度均较坚硬,且强度均远高于两帮煤体;第三种特点是顶板有一层直接顶,底板为坚硬岩层;第四种特点是直接顶较坚硬,而底板岩层强度较低。其中第一种类型巷道围岩变形较大,支护不当极易发生冒顶事故,成为煤矿现场亟须解决的问题之一。贾明魁通过对 162 起锚杆支护煤巷冒顶事故统计发现,岩层组合劣化型占事故总数的 66%;何富连等对复合顶板巷道变形特征及控制技术进行了分类研究;岳中文等通过相似模拟实验对大断面复合顶板巷道围岩稳定性进行研究,得出顶板呈现离层破坏特征,底板出现挤压型鼓出,而两帮变形较小;柏建彪等探讨了树脂全长锚固高强锚杆支护系统控制顶板变形,对两帮采用锚杆支护和注浆加固联合控制方法。另外,王卫军、庞建勇、高峰等对复合顶板下高应力巷道变形、支护对策、局部弱支护机理及变形破坏机理也分别进行了探讨。

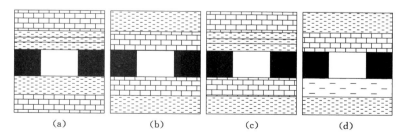

图 2-7　回采巷道围岩分类

(a) 类型一;(b) 类型二;(c) 类型三;(d) 类型四

在上述研究的基础上,选择四种类型中的第一种类型作为对比,将复合顶板巷道与特厚煤层的两种类型回采巷道变形特征进行综合比较研究。

二、数值模拟分析研究

(一)FLAC³ᴰ软件简介

FLAC³ᴰ(Fast Lagrangian Analysis of Continua)是一种有限差分软件,采用快速拉格朗日分析方法。其主要采用显式方法进行计算,线性、非线性本构关系对显式方法而言,并无实质计算差别,根据应变增量计算得出应力增量,并进一步计算得出不平衡力,对其每一步的演化过程均可以进行监测跟踪。另外,由于无需组成刚度矩阵,因此对计算机内存要求较低,通常情况下,模拟分析大量单元仅需很少计算机内存,在微机上操作特别合适。不仅如此,由于每一时步变形都较小,规避了大变形本构关系推导中遭遇的各种大变形处理难题。此时变形问题过程求解均相同。不过该种分析方法仍存在部分固有缺陷,这主要是算法的问题。当与有限元等其他方法进行比较,这种分析方法的运算效率相对较低,然而,当整体运算速度提高时,差距可大幅度减小。

利用六面体单元对区域进行划分并计算,能模拟强度极限下、屈服下材料塑性或破坏行为特征,对于施工过程、大变形分析以及弹塑性分析方面模拟效果十分显著。主要由 10 种本构模型组成,含温度、渗流、蠕变、动力及静力等 5 种运算模式,且模式与模式之间耦合性强,可对许多结构进行模拟,如锚索、衬砌、锚杆、梁、支护、土工织物、岩栓等,可对复杂力学或岩土工程问题进行模拟。不管是处理动力还是静力问题,均通过动态运动方程计算。因此,对于动态问题,利用该软件分析和计算十分方便,如常见的大变形、失稳、振动等。

(二)计算模型

本次研究共建立 3 组模型,如图 2-8 所示。其中模型 1 为特厚煤层全煤型巷道,模型 2 为特厚煤层沿底巷道(非全煤型巷道),模型 3 仅作为对比模型,为复合顶板回采巷道。由于现场布置的综放工作面巷道普遍为矩形,且断面较大,因此,本次模型将巷道断面均设置为矩形,宽×高=5.0 m×3.5 m,采用 Mohr-Coulomb 破坏准则。模型大小(长×宽×高)设置为 50 m×10 m×30 m,主要探讨三类巷道在开挖后围岩的位移场及塑性区变形特征,由于未涉及工作面采动作用影响,本次模拟中通过二维平面模型及图形进行分析即可。

巷道埋藏深度设置为 500 m,模型 1 和模型 2 厚顶煤中设置 3 层泥岩,每层泥岩厚度为 0.5 m,顶煤厚度为 13.5 m;模型 1 中底煤厚度为 7 m,模型 2 中底板岩层分别为 7 m 细砂岩和 4.5 m 中砂岩;模型 3 顶板中设置 3 层岩层,从下向上依次为 3 m 泥岩、5 m 粉砂岩和 7 m 中砂岩,底板分别为 7 m 细砂岩和 4.5 m

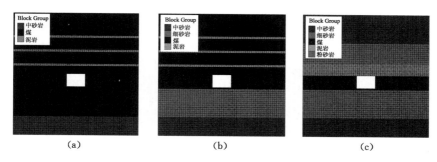

图 2-8　数值模型建立

（a）模型 1；（b）模型 2；（c）模型 3

中砂岩,模型中煤岩层参数设置如表 2-2 所列。

表 2-2　　　　　　　　　　　计算模型中煤岩层的力学参数

岩层种类	密度 /(kg/m³)	剪切模量 /Pa	体积模量 /Pa	黏聚力 /Pa	内摩擦角 /(°)	抗拉强度 /Pa
中砂岩	2 600	3.6E+9	4.8E+9	3E+6	32	5E+6
细砂岩	2 200	7.8E+8	8.5E+8	1.2E+6	35	9E+5
煤	1 300	1.6E+8	2.4E+8	5E+5	38	4E+5
泥岩	2 000	2.2E+8	3E+8	3E+5	35	1E+5
粉砂岩	2 100	3.2E+8	4E+8	7E+5	34	5.5E+5

（三）计算结果及分析

（1）模型 1 为特厚煤层全煤巷道,从巷道开挖时刻开始即对围岩塑性区分布特征及位移变形特征情况进行监测,其中巷道围岩塑性区演变过程如图 2-9 所示,位移变形如图 2-10 所示。从图 2-9 可以得出:当开挖 100 时步时,厚顶煤全煤巷道靠近开挖空间的顶底和两帮煤体承受拉应力和剪应力作用,两帮煤体塑性影响范围为 2 m,顶、底均为 2.5 m;当增加为 200 时步时,两帮和顶、底板塑性区影响范围分别为 2.5 m 和 3 m;增加为 300 时步时,两帮煤承受拉应力和剪应力,塑性区范围未增加,顶煤影响范围增加到 3.5 m,且水平延伸范围也增幅明显,同时距开挖空间较近的浅部煤层承受拉应力和剪应力共同作用,而距开挖空间较远处的深部煤顶则主要承受剪应力作用,随时间增加,由于受剪应力和拉应力共同作用范围逐步增加,巷道变形量呈整体收敛;当连续增大到 3 000 时步时,影响区域顶煤及夹层泥岩受剪应力作用破坏,两帮影响区域煤体则受拉应力和剪应力共同作用破坏。

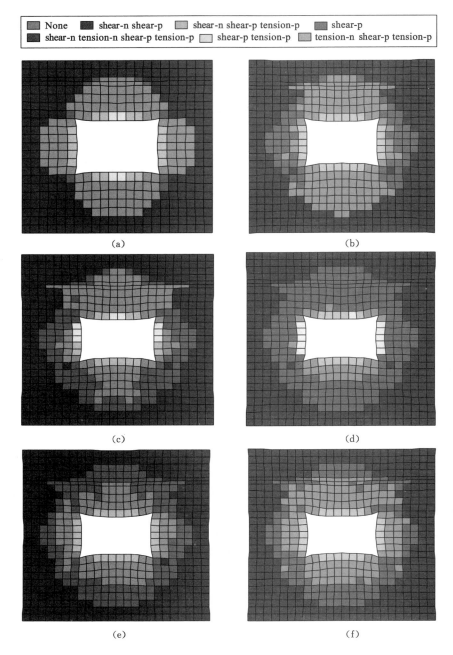

图 2-9　模型 1 开挖巷道塑性区演化特征

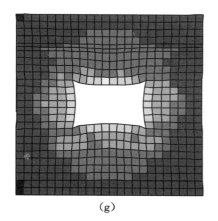
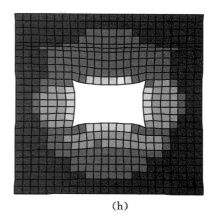

（g）   （h）

图 2-9 模型 1 开挖巷道塑性区演化特征（续）

（a）$t=100$；（b）$t=200$；（c）$t=300$；（d）$t=500$；

（e）$t=1\ 000$；（f）$t=1\ 500$；（g）$t=2\ 000$；（h）$t=3\ 000$

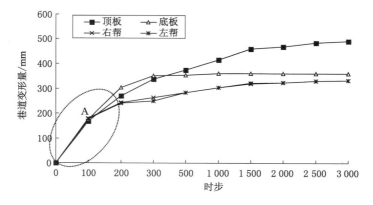

图 2-10 模型 1 巷道围岩变形随时间的变化

  另外，从图 2-10 中可以得出：在前 300 时步巷道收敛速度较快，并随时间增加帮底变形趋于平缓，但顶板变形仍在增大，且顶板下沉量＞底板鼓出值＞两帮收敛值。综合上述分析，可得出以下结论：① 巷道开挖后不支护情况下，在较短时间内巷道围岩就能出现大变形、变形速度快，且塑性区影响范围增加明显；② 巷道表面煤体主要受拉应力作用破坏，较深部煤体主要受剪应力破坏，其次是拉应力和剪应力共同作用破坏；③ 巷道变形从最开始的顶帮底协同破坏且变形值相当，到后期的以顶板变形为主且变形值最大，底板和两帮煤体趋于稳定。

  （2）模型 2 为特厚煤层沿底巷道，图 2-11 为巷道开挖后 100～3 000 时步的围岩塑性区分布,图 2-12 为巷道围岩变形量随时间变化。在初期 100 时步,开挖空间表面的顶帮煤体主要受拉应力作用,而底板主要承受剪应力作用,顶帮塑性区影响范围均为 2.5 m;随时步增加,顶帮煤体受剪破坏区域范围快速增加,巷道变形量也逐步增大。

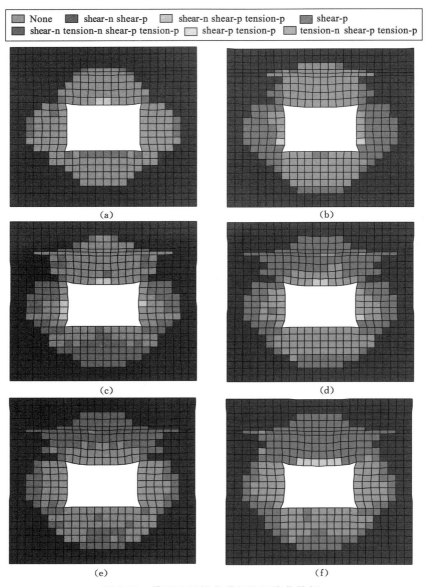

图 2-11　模型 2 开挖巷道塑性区演化特征

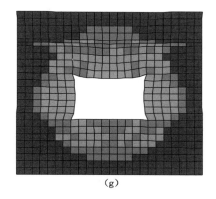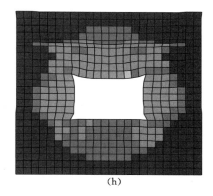

(g)　　　　　　　　　　　　(h)

图 2-11　模型 2 开挖巷道塑性区演化特征(续)

(a) $t=100$;(b) $t=200$;(c) $t=300$;(d) $t=500$;

(e) $t=1\,000$;(f) $t=1\,500$;(g) $t=2\,000$;(h) $t=3\,000$

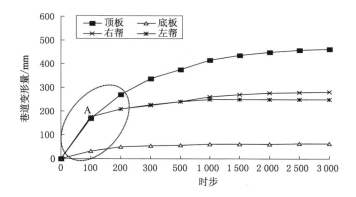

图 2-12　模型 2 巷道围岩变形随时间的变化

　　通过分析,可得出以下结论:① 巷道顶帮和底板浅部煤体分别以受拉应力、剪应力共同破坏和受剪应力破坏为主,深部煤岩体主要是受剪应力破坏;② 巷道变形以顶板和两帮为主,底鼓量较小,顶板变形值远大于两帮变形;③ 巷道开挖后不支护情况下,在较短时间内巷道围岩就能出现大变形,且变形速度快,塑性区影响范围增加明显,随时间增加,顶板下沉量仍继续增加,两帮和底板变形趋于稳定。

　　(3) 模型 3 为复合顶板巷道,图 2-13 为巷道开挖后 100~3 000 时步的围岩塑性区分布,图 2-14 为巷道围岩变形量随时间的变化。复合顶板巷道开挖后顶板塑性区影响范围变化明显,而两帮变化较小。在 100 时步时顶板塑性区范围为 2.25 m,在 500 时步后达到 5.5 m,而两帮塑性区范围均为 2.5 m。巷道开挖后顶帮浅部岩层承受拉应力和剪应力共同作用,底板浅部岩层受剪应力作用,深部煤岩层为剪应力作用;随时间增加,顶板岩层受拉应力作用范围增大,在 100时步时为 0.5 m,而 3 000 时步后为 1.5 m,即顶板岩层在剪切破坏影响范围增加的同时,岩层受拉破坏范围也在增大。

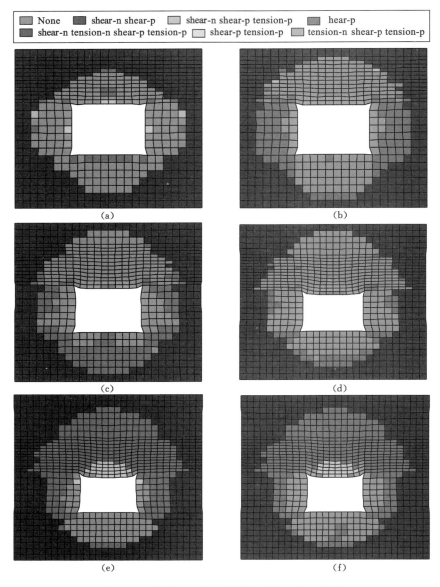

图 2-13　模型 3 开挖巷道围岩塑性区演化特征

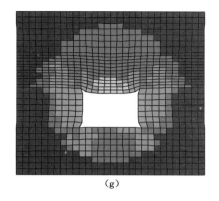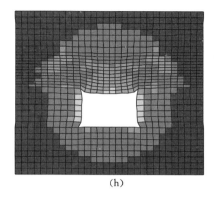

（g）　　　　　　　　　　　（h）

图 2-13　模型 3 开挖巷道围岩塑性区演化特征（续）

（a）$t=100$；（b）$t=200$；（c）$t=300$；（d）$t=500$；

（e）$t=1\,000$；（f）$t=1\,500$；（g）$t=2\,000$；（h）$t=3\,000$

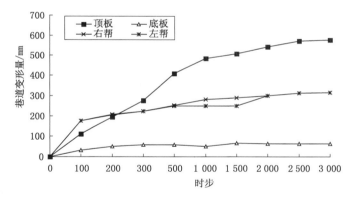

图 2-14　模型 3 巷道围岩变形随时间的变化

综上可得出：① 复合顶板巷道随时间增加顶板塑性区破坏范围增大，两帮和底板塑性区破坏范围变化不明显；② 巷道顶板和两帮变形量较大，底鼓较小，且初期以两帮变形为主（200 时步内），后期以顶板变形为主；③ 巷道开挖后不支护情况下，在较短时间内巷道围岩就能出现大变形、变形速度快，且塑性区影响范围增加明显，之后随时间增加，顶板下沉量仍快速增加，两帮下沉量缓慢增加，而底板变形趋于稳定。

通过对数值模型 1、2 和 3 巷道开挖后塑性区演化及围岩变形特征综合比较分析，可以得出：① 厚顶煤巷道开掘后变形以顶板下沉为主，其中全煤巷道底板变形量超过两帮收敛值，但巷道围岩整体变形较大；而非全煤巷道为两帮收敛值超过底鼓量,巷道顶帮变形较大,底板相对变形较小。② 厚顶煤巷道开掘初期顶板下沉速度较快,煤体中塑性区范围随时间变形趋势为:急速增大→逐步稳定→二次增大,顶板浅部围岩以拉应力破坏为主,拉应力和剪应力共同作用为次;深部围岩主要以剪应力破坏为主,拉应力和剪应力共同作用为次。③ 巷道围岩塑性区变化范围初期以顶帮底纵向深处发展,后期发展以两侧延伸为主。④ 厚顶煤全煤巷道变形从最开始的顶帮底协同破坏且变形值相当,到后期的以顶板变形为主,非全煤巷道从开挖后初期以顶板和两帮变形为主,而后期则主要以顶板下沉为主,这与复合顶板巷道变形轨迹类似。

结合现场实测和数值模拟结果,我们发现特厚煤层巷道开挖后既具有与复合顶板巷道变形特征一致的方面,如巷道开掘后初期围岩变形最剧烈,塑性区范围快速向围岩深处发展,顶板浅部围岩以拉应力破坏为主,拉应力和剪应力共同作用为次;深部围岩主要以剪应力破坏为主,拉应力和剪应力共同作用为次,距开挖空间最近的夹层(复合层)承受较大的剪应力作用,顶板下沉量明显,远大于两帮和底板变形量等,同时也具有其特有变形特征,如开挖初期顶帮为协同变形,如图 2-10 和图 2-12 中 A 变形区,而后顶板下沉速度及变形值均大于两帮,但增加锚杆(索)支护后,在巷道掘进阶段两帮变形量大于顶板变形量,而回采过程中则刚好相反;特厚煤层巷道中厚煤层顶板变形速度和变形量均小于复合顶板巷道,即复合顶板巷道相对于特厚煤顶而言垮冒可通过顶或帮变形值合理预测或防治,而厚煤顶巷道垮冒具有较强突发性(部分极软煤层除外),顶、帮变形量大小并不能准确判断或预测顶板垮冒。通过对特厚煤层回采巷道变形特征分析,得出特厚煤层巷道稳定性关键在于保持厚顶煤(含夹矸)结构稳定。因此,对于特厚煤层沿底巷道或全煤型巷道而言,开展顶板变形关键影响因素及采掘过程中的灾变特征研究对于巷道支护稳定性意义重大。

第二节　巷道顶板变形关键影响因素及灾变机理

一般而言,影响特厚煤层沿底巷道顶板变形的因素很多,如地应力、巷道断面、煤层强度、支护强度等,即通常情况下影响巷道围岩变形的各种因素必然也对顶板变形产生作用。但对巷道围岩变形(顶板、两帮和底板)起关键影响作用的因素却并非也是顶板变形关键影响因素,不可一概而论。

通过查阅文献发现,针对厚煤顶巷道研究大多从减小巷道围岩变形角度出发,而对顶板变形及其相关影响因素分析较少,此处变形是指从巷道开掘到工作面回采结束巷道废弃期间变形。因此,在结合特厚煤层巷道数值模拟变形特征的基础上,通过理论分析和实验测试分别对特厚煤层沿底巷道顶板的煤层性质和夹层性质等进行研究,在此基础上对影响特厚煤层沿底巷道顶板变形的关键影响因素进行分析,并对灾变机理进行探索。

一、特厚煤层中顶煤与夹层性质

特厚煤层巷道中厚煤顶主要由煤体和夹矸两部分组成。理论而言,顶板变形可以分成三种类型:煤体变形、夹矸层变形和煤与夹矸组合变形,但现场不可能仅出现单一的煤体或夹矸层变形,而是煤与夹矸组合体的变形。厚顶煤中夹矸所含岩层岩性多样,厚薄不一,需要将顶煤中夹层分类研究。根据顶煤中夹层厚度和强度,可将其分成六类,如表 2-3 所列。

表 2-3　　　　　　　　　　　夹矸岩层分类

性质 形态		夹层强度(A_i)	
		硬质岩体(A_1)	软质岩体(A_2)
夹层厚度(B_i)	薄层(B_1)	A_1B_1	A_2B_1
	中厚(B_2)	A_1B_2	A_2B_2
	厚层(B_3)	A_1B_3	A_2B_3

其中 A_i 代表夹层强度,B_i 代表夹层厚度。硬质岩体主要指细砂岩、砂岩等强度较高的一类岩体;软质岩体为泥岩、砂质泥岩等强度低的岩体。而夹层厚度分类主要通过单一夹层厚度 h 与顶煤厚度 H 之比确定,比值为 K,表 2-3 中如 A_1B_1 代表薄层硬质岩体夹层。

$$K=h/H\begin{cases}\leqslant1/10 & 薄层\\1/10\sim1/5 & 中厚层\\\geqslant1/5 & 厚层\end{cases}$$

对于顶煤中这六种类型夹层而言,当组合为厚层硬质岩体(A_1B_3)时,不仅夹层岩体自身能保持稳定,而且也有利于顶煤稳定,顶板支护设计方案的设计或选择也相对简单,为几种组合中最有利于顶板稳定的一种,在煤矿现场巷道顶煤出现冒顶的概率也相对较低。而当组合为薄层软质岩体(A_2B_1)时,即所谓的软弱夹层,由于岩体物理力学性质较弱,外荷载作用下易变形,或呈破碎散体状或与顶煤出现分离,同时煤顶中为该组合时,冒顶概率大,对厚顶煤支护要求较高。因此,对其研究尤为重要,主要就针对此组合形成的软弱夹层进行分析。

煤顶受采掘工程扰动影响,宏观上表现为厚顶煤离层下沉及软弱夹矸破碎、延展变形,微观上表现为煤岩层中节理裂隙张开、扩展、错动变形,煤岩体的宏观力学行为与其微观结构密切相关。通过研究单轴和三轴下煤体变形特征及软弱夹矸体组成和变形特征,有利于分析煤与软弱夹矸组合体的变形特性。

(一)单轴压缩下煤岩变形特性

煤是远古地表腐殖物沉积演化的一种有机岩类矿物,内部结构中含有大量的裂隙、空隙、层理、节理等软弱结构面和颗粒胶结物,具有典型的非均质性、各向异性和非连续性,不同矿区、不同煤层甚至同一矿区、同一煤层、不同区域,采集煤样强度差异较大。煤矿现场一般通过常规岩石力学实验测出煤样的物理力学参数,结合顶板地质条件选取合适比例参数,煤样强度换算为煤体参数,指导顶板支护方案的设计或优化,但对于顶板变形演化特征研究不能仅限于传统单轴压缩强度测取,而需要对煤样的应力应变全过程变化曲线进行分析。

煤的应力应变曲线如图 2-15 所示,主要分为 5 部分:① OA——曲线上凹;② AB——近直线段;③ BC——曲线上凸;④ CD——曲线下降;⑤ DE——趋平行线段。

OA 段是压密阶段,煤岩中含有的孔隙裂隙在外载荷压力作用下压密闭合,并随着变形增加,应变增加的幅度大于应力幅度。

AB 段属近弹性变形段,煤岩中弱结构面数目压密闭合到一定值后随外荷载的继续增加,应力应变呈近线性发展,此阶段内煤体中由于荷载的增大,出现新的裂隙,但新裂隙的数目和该阶段内原裂隙闭合数目近似相等,并未影响煤体的整体强度。

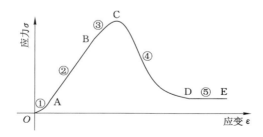

图 2-15　煤体全应力应变曲线

BC段属变形发展Ⅰ阶段,继续增加外载压力,煤体中裂隙数目加速增加,并超过AB阶段原裂隙闭合数目,同时裂隙之间开始相互交融、贯通、发展,由微小裂隙演变为明显的裂隙层,加载到C点时发生破坏。

CD段属应变软化阶段,煤体中裂隙在压力作用下加速贯通,并出现破裂,煤体内黏聚力减弱,随应变增加应力逐渐减小。

DE段属流变阶段,随应变继续增加,煤体松动破坏,但仍保持一定残余强度。

从单轴压缩煤体全应力应变曲线得到以下启示:① 煤体能承受一定的外荷载,保持煤体的强度,并使其产生微小的变形;② 当超过某一压力值后,层理裂隙等软弱面对变形产生作用,当裂隙扩散贯通到一定程度后,会改变甚至破坏煤体结构,降低煤体强度,并随应力增加变形显著。

（二）三轴压缩下煤岩变形特性

煤矿巷道未掘进扰动时,煤体呈三向受压状态;开掘巷道后,开挖表面顶煤由三向受压转为双向受压,浅部煤体受地应力和重力因素影响,迅速向卸荷空间方向扩展变形,变形发展逐级波及至较深部煤体处。顶板支护后,在足够预紧力作用下,浅部煤体由二向应力又转为近似三向受压。三向受压情况下,煤体变形与围压大小密切相关,杨永杰等通过实验得出了鲍店煤矿3煤和新河矿3煤在不同围压下的煤岩应力应变曲线,如图2-16和图2-17所示。

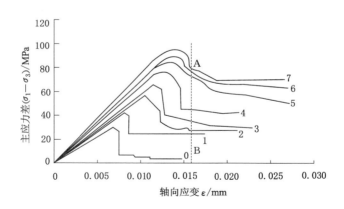

图 2-16　鲍店煤矿3煤不同围压下应力应变曲线

三轴压缩下煤体应力应变曲线形状与单轴压缩情况类似,同样经历了压密、近弹性线性发展、变形发展、应变软化和塑性流变共计5个发展阶段。同时,煤体强度与围压大小密切相关,随围压增大,煤体抗变形能力也增强,失稳破裂峰值越向后延。但同时也发现,当围压升高到一定值再继续增加围压时,

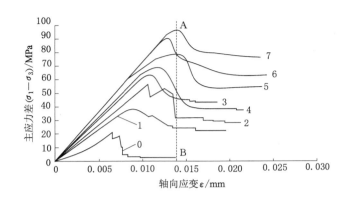

图 2-17　新河煤矿 3 煤不同围压下应力应变曲线

煤体强度值增幅较小,这也解释了巷道掘出较短时间内顶板浅部煤体容易失稳冒落的原因。另外,当煤体破坏后,进入应变软化和塑性流变阶段,煤体残余强度值也与围压大小相关,围压越高,对应煤体的残余强度值也越大,从这一点也可解释在高应力作用下部分顶煤破碎,但如果顶板表面支护强度使煤体处于压缩状态,也能保持顶煤的稳定性。如图 2-18 所示,随工作面回采,顶煤破碎成近散体状,通过铰接顶梁配合单体支护以及钢带等加强支护,保障了顶板煤体服务期间的稳定。

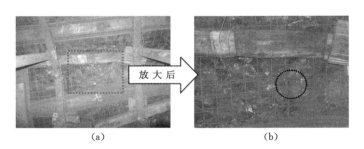

（a）　　　　　　　　　　　　　（b）

图 2-18　高应力环境破碎顶煤支护稳定

（a）顶板加强支护；（b）破碎顶煤

从煤岩的单轴和三轴压缩实验得出,实验煤样的变形均伴随着内部裂隙、层理等软弱结构面闭合、拉伸、扩展、贯通等活动有规律地开展,单轴压缩下煤样破坏形式复杂多变,形态上大多为劈裂破坏,而三轴压缩下煤样破坏形态一般呈剪切破坏。实验室煤样尽管受尺寸效应和形状效应等因素获得的破坏变形曲线与井下煤顶变形有较大差异,但仍具有一定的启示作用。

（三）顶煤中软弱夹层变形特性

关于软弱夹层概念，孟召平将其定义为具有一定厚度的岩体软弱结构面，且具有显著低的强度和显著高的压缩性。硬岩夹层主要由细砂岩、砂岩等抗压强度较大的一类岩层构成，整体强度大。我国研究学者对软弱夹层的研究多集中于夹层影响复合顶板变形和控制方面，由于软弱夹层普遍具有强度低、厚度薄、与邻近岩层刚度差异大及可塑性强等特点，能否合理控制其变形成为顶板安全支护的关键。当软弱夹层距开挖空间较近时，支护不及时或支护强度不足易导致顶板垮冒，即"随掘随冒"；而当软弱夹层距开挖空间较远时，若具备顶板承受高应力作用、巷道跨度大、支护强度不足等影响因素，巷道服务期间，软弱夹层易出现与邻近岩层在界面间的径向分离，即所谓"离层"现象的出现。

软弱夹层主要是指薄层状的软弱破碎岩层，如泥岩夹层、多裂隙粉砂岩夹层等。软弱夹层之所以能产生显著变形主要是受岩层含泥质成分和微结构面的影响，而泥质岩又主要由碎屑黏土、粉砂和少量砂组成，根据其含量不同又可划分为 5 种结构类型（表 2-4），微结构面则主要包括节理、裂隙和层理等。

表 2-4　　　　　　　　　　　按粒度划分的泥质岩结构类型

结构类型	各粒级含量/%		
一	黏土	粉砂	砂
泥状结构	>90	<5	<5
含粉砂泥状结构	>70	5~25	<5
粉砂泥状结构	>50	25~50	<5
含砂泥状结构	>70	<5	5~25
砂泥状结构	>50	<5	25~50

在前人研究基础上，可将软弱夹层的性质归结为强塑性、强膨胀性、强风化性。下面以粉砂岩夹层为例，从霍州煤电集团团柏煤矿选取典型粉砂岩，测试其在含水状况下强度弱化特性。

现场选取 3 块典型粉砂岩现场进行实验，实验装置为一套淋水器与变流装置，调定水流流量为 126 mL/s，连续测试时间 42 h，每隔 6 h 观察一次，其中 3# 粉砂为实验对照组，2# 粉砂岩每隔 6 h 取出，在空气中充分暴露风化 6 h 后再放入测试，如此循环，具体变形状况描述以及前后结果见表 2-5 与图 2-19。

表 2-5 实验岩块变形描述

试件	实验时间/h						
	6	12	18	24	30	36	42
1# 粉砂岩	裂隙不明显,岩块完整,强度大	微裂隙出现,边角松软,岩块脱落,强度降低	裂隙增加,较清晰、完整,强度进一步降低	出现贯穿岩块主裂隙,较完整,脱落体增多	主裂隙贯通次生小裂隙,松软段岩块脱落、碎裂	主裂隙切开,岩块分成两半,新裂隙增多	岩块裂为3整块和细小碎块,组合块仍具有一定强度
2# 粉砂岩	裂隙不明显,岩块完整,强度大	裂隙清晰可见,周边脱落较多,较完整	微裂隙增大,碎块增多,脱落体增多	1/4岩块从左方脱落,不完整,碎块增多	岩块破裂,分成两半,隐伏裂隙增多	两块破裂岩块分裂,崩裂细小块,新裂隙增多	岩块基本成为散体状,强度极低,散体中裂隙仍有破裂趋势
3# 粉砂岩	完整						

  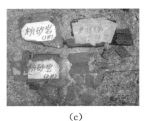

(a) (b) (c)

图 2-19 实验岩块破坏前后图形比较

(a) 破坏前岩块;(b) 破坏后碎裂岩块;(c) 破坏后散体岩块

现场实验主要从煤系顶板粉砂岩常遇到的动水渗流、循环风干弱化的研究出发,1# 和 2# 粉砂岩破坏变形状况显示,地下水对粉砂岩的作用是一个渐变且持续弱化的过程,从最开始的以隐伏微裂隙为主的完整岩块发展到以横、纵贯穿岩块大裂隙为 1 级破坏主体,而扰动新裂隙与原生裂隙次级为 2 级破坏主体,通过裂隙的张开、连通导致岩块分裂、崩解,最后成散体岩块的破坏变化过程;尤其是 2# 粉砂岩在动水渗流与风干暴露的循环实验中,破坏发展呈倍数递增,实验 42 h 后难以表现出整体强度。因此,在水化或风干因素影响下夹层粉砂岩强度大幅降低，由最初单一完整岩块体演变为最终的散体状碎岩块形态。

　　除了考虑软弱夹层的水化、风化膨胀性质外，对于抗拉强度特性研究也十分重要。中国科学院院士何满潮针对软岩的抗拉强度性质进行了大量实验研究，测试得出砂质泥岩、泥岩、泥质粉砂岩抗拉强度分别为 1.38 MPa、0.93 MPa、2.09 MPa，远低于其抗压强度值，因此受拉破坏也是软弱夹层破坏形式之一。

　　软弱夹层的抗剪强度也较低，表 2-6 为白马煤矿煤层中软弱夹层抗剪实验结果，软弱夹层的峰值抗剪强度和残余抗剪强度均较低，随含水量增加，峰值抗剪强度降低而残余强度增加。因此，软弱夹层抗剪能力弱，尤其是在浸水环境，在剪切应力作用下容易变形破坏。

表 2-6　　　　　　　　　　　　**软弱夹层的抗剪特性**

样品类型	含水量/%	峰值抗剪强度		残余抗剪强度	
		C_f/MPa	φ/(°)	C_r/MPa	φ/(°)
煤层岩组中软弱夹层	24.8	0.049	12.6	0.013	6.3
	21.6	0.074	15.1	0.012	7.7
	18.1	0.094	24.7	0.008	16.6
压扭面较发育泥岩组中软弱夹层	24.9	0.036	15.2	0.012	5.2
	22.8	0.056	22.0	0.010	12.3
	19.8	0.089	26.6	0.008	14.7
破碎泥岩组中软弱夹层	28.2	0.028	6.2	0.014	4.4
	22.6	0.074	14.4	0.010	9.9
	8.6	0.096	25.9	0.009	21.5

　　在对煤体和软弱夹层变形特性研究基础上，结合厚顶煤巷道围岩结构特征，分析影响顶煤与软弱夹矸组合体顶板变形的关键影响因素，为采掘过程中顶煤支护工程设计奠定理论基础。

二、特厚煤层顶板煤层物理力学特性实验研究

　　特厚煤层中普遍含多层夹矸，然而单层夹矸普遍表现为强度低、厚度薄的性质，现场钻孔取芯过程中一般难以得到较完整的夹矸岩芯，而不得不采用实验室相似模拟实验。鉴于现有实验材料和技术的限制，夹矸层性质及其作用在采矿活动模拟中并不明显，这与现场实际存在一定差距，为较好地体现煤层和夹矸层整体作用,分别以实验方法研究煤层物理力学性质与变形关系以及模拟研究方法分析夹层和煤体组合体及顶板变形。本节以平朔集团井工二矿和五家沟煤矿特厚煤层中煤样为基础,通过实验室测试与对比分析,得出顶板煤层的物理力学特性,为顶板变形特性分析提供研究基础。

　　平朔集团井工二矿主采 9# 煤层,29206 回风巷为矩形布置,宽×高＝5.2 m×3.3 m,29206 顶板钻孔取芯测试得出 9# 煤层平均厚度为12.39 m,煤层结构复杂,含夹矸 2～7 层,夹矸厚度为 0.1～0.3 m,裂隙较发育,煤层强度较大,如图 2-20(a)所示。五家沟煤矿主采 5# 煤层,5201 运输巷为矩形布置,宽×高＝5.0 m×3.0 m,5201 运输巷钻孔取芯测试得出5# 煤层平均厚度为 14.27 m,煤层强度较低,含夹矸 2～3 层,夹矸厚度为0.1～0.38 m,如图 2-20(b)所示,29206 回风巷和 5201 运输巷均为特厚煤层巷道。另外,由于所属特厚煤层性质差别相对较大,通过实验室测试研究煤层物理力学特性,并结合现场顶板变形监测结果进行分析,其结果具有一定的参考价值。

距煤高度/m	层厚/m	柱状	岩石名称	岩性描述
20.00	4.10		碳质泥岩	灰黑色与黑色,水平层理,层纹发育,含大量有机质(植物碎屑化石),结构致密,贝壳状断口,手感细腻
15.90	4.40		泥岩	灰色,水平层理,含少量薄层粉砂岩,含大量植物碎屑化石,结构致密,贝壳状断口,局部夹薄层粉砂岩
11.50	4.90		细砂岩	灰白色,含少量灰黑色泥质团块,水平层理,见多个碳质层纹,含大量植物碎屑化石,空隙发育
6.60	3.80		细砂岩	灰白色,含薄层粉砂岩及碳质泥岩,见石英、云母,砂状结构,平行层理,含多层平行碳质层纹,泥质多呈团块状,顺层排列,见大量植物碎屑化石,局部类黑色泥岩薄层,见少量空隙
2.80	0.39		泥岩与粉砂岩	灰白色,含泥质20%。泥质团块呈分层扁平状,顺层排列,灰黑色类泥质薄层,岩芯断口粗糙,含空隙和大量的植物化石
2.41	1.16		细砂岩	灰白色,水平层理,含泥质团块,见植物化石
1.25	0.2		细砂岩	含泥质团块和植物化石,泥质团块呈扁平状,顺层排列
1.05	1.05		细砂岩	灰白色,层状构造,含石英、长石、云母,粒度为0.05～0.2 mm
0	12.30		9#煤	黑色,块状,半亮型煤为主,富含镜煤纹,厚度变化趋势不明显,结构复杂,含2～7层夹矸

(a)

图 2-20　特厚煤层巷道顶板钻孔柱状图

距煤巷顶板厚度 /m	厚度 /m	岩石名称	岩层柱状	岩性描述
25.16	>1.75	砂质页岩		灰黑色, 薄片状或薄片层状节理, 含砂岩及碳酸钙成分, 夹杂石英及长石碎屑, 较破碎
23.41	1.93	粉砂岩		灰白色, 石英、长石胶结-致密、饱和, 水平层理清晰
21.48	1.54	中砂岩		灰白色, 以石英、长石为主, 稍密, 分选性好, 级配差; 均粒结构
19.94	1.86	细砂岩		灰白色, 块状, 石英、长石发育, 含菱铁矿结核; 分选、滚圆度中等, 硅泥质胶结
18.08	1.62	粗砂岩		灰白色, 中密, 饱和, 由长石-石英质砂组成; 中间含有砾石颗粒, 粒径在5～10 mm之间, 零星可见卵石颗粒
16.46	2.19	砂质页岩		灰黑色, 薄片状或薄片层状节理, 含砂岩及碳酸钙成分, 夹杂石英及长石碎屑, 较破碎
14.27	14.27	5#煤		煤层呈黑色, 以半亮型煤为主, 夹半暗型煤条带。夹矸2～3层, 厚度为0.10～0.38 m, 为高岭石黏土矿物, 构造为层状、块状

(b)

图 2-20 特厚煤层巷道顶板钻孔柱状图(续)

(a) 井工二矿 29206 回风巷; (b) 五家沟煤矿 5201 运输巷

主要实验项目有: ① 密度实验; ② 单轴压缩及变形实验; ③ 劈裂实验; ④ 直接剪切实验。实验工作依照《水利水电工程岩石实验规程》(SL 264—2001)进行, 现场采集和实验室测试的煤岩样如图 2-21 所示。

图 2-21 采集和测试的煤样

（一）实验项目计算公式

（1）煤岩密度实验计算公式：

$$\rho = m/V \tag{2-1}$$

式中　ρ——试件密度，g/cm³；

　　　m——试件质量，g；

　　　V——试件体积，cm³。

（2）煤岩的单轴压缩及变形实验计算公式：

$$\sigma_c = P_{max}/A \tag{2-2}$$

$$E = \sigma_{c(50)}/\varepsilon_{h(50)} \tag{2-3}$$

$$\mu = \varepsilon_{d(50)}/\varepsilon_{h(50)} \tag{2-4}$$

式中　σ_c——煤岩单轴抗压强度，MPa；

　　　P_{max}——煤岩试件最大破坏载荷，N；

　　　A——试件受压面积，mm²；

　　　E——试件弹性模量，GPa；

　　　$\sigma_{c(50)}$——试件单轴抗压强度的 50%，MPa；

　　　$\varepsilon_{h(50)}$、$\varepsilon_{d(50)}$——分别为 $\sigma_{c(50)}$ 处对应的轴向压缩应变和径向拉伸应变；

　　　μ——泊松比。

（3）煤岩劈裂实验计算公式：

$$\sigma_t = 2P_{max}/(\pi DH) \tag{2-5}$$

式中　σ_t——煤岩抗拉强度，MPa；

　　　P_{max}——破坏载荷，N；

　　　D、H——分别为试件的直径和高度，mm。

（4）煤岩直接剪切实验抗剪强度计算公式：

$$\sigma = P \sin \alpha/A \tag{2-6}$$

$$\tau = P \cos \alpha/A \tag{2-7}$$

$$\tau = \sigma \tan \varphi + c \tag{2-8}$$

式中　σ——正应力，MPa；

　　　τ——抗剪强度，MPa；

　　　P——试件最大破坏荷载，N；

　　　α——夹具剪切角，(°)；

　　　A——试件剪切面积，mm²；

　　　φ——试样的内摩擦角，(°)；

　　　c——试样的黏聚力，MPa。

（二）测试实验仪器及过程

1. 煤岩密度实验

如图 2-22 所示为 LP3102 型电子天平（其最大称量为 3 100 g，感量为 0.01 g）和游标卡尺等。

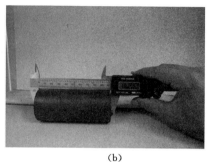

(a)　　　　　　　　　　　　　　　(b)

图 2-22　煤样密度测试

(a) LP3102 型电子天平；(b) 测试过程

2. 煤单轴压缩、劈裂、剪切实验

主要仪器设备有 WEP-600 液压式屏显万能实验机、600 kN 压力传感器、7V14 程序控制记录仪、变角剪切试件夹具 4 套（20°、30°、35°、40°）。煤样单轴压缩实验设备及部分实验过程如图 2-23 所示。

(b)

(a)　　　　　　　　　　　　　　　(c)

图 2-23　煤样单轴压缩实验设备及部分实验过程

(d)

图 2-23 煤样单轴压缩实验设备及部分实验过程(续)

(a) WEP-600 液压式屏显万能实验机;(b) 煤样压缩过程;(c) 煤样劈裂过程;(d) 煤样剪切过程

（三）实验测试结果与分析

井工二矿和五家沟煤矿煤样物理力学性质测试结果汇总表如表 2-7 所示,9#煤层较坚硬,单轴抗压强度大,煤体节理裂隙发育,煤体较破碎,抗拉强度较低,煤层中夹 3～8 层矸,顶煤完整性较差,整体强度受到较大影响;且由于煤岩层力学性质有一定差异,巷道顶板在高应力作用下,易在分界面上或性质较弱的煤或岩内部产生裂隙扩张,即出现较大离层变形现象,隐蔽性较强,增加了锚杆(索)支护过程中的不安全因素。5#煤层单轴抗压强度远低于 9#煤层,黏聚力较小,且煤层中含夹矸数量较少,支护过程中顶板煤体易发生松脱滑冒,在煤体节理裂隙处产生离层变形,需进一步通过煤体单轴压缩应力应变关系图和剪应力与正应力关系图分析。如图 2-24 所示,轴向压应力作用下不同煤体变形特征曲线有较大差别,如图 2-24(a)所示,其轴向应力-应变曲线表现为非线性关系,呈"S"形,为塑—弹—塑性变形,这是由于煤体中节理、裂隙较为发育,经历了裂纹压密闭合—弹性变形—裂纹稳定扩展的非线性变形—裂纹加速变形四个阶段;同时,随单轴压力持续增大,轴向应变不断增加,9#煤层单轴抗压强度较大;而从图 2-24(f)可得,应力-应变曲线呈近似直线关系,且抗压强度较低,近似为 5 MPa;即使变形曲线总体特征相同,不同煤层峰值强度差别也较大,如图 2-24(c)和图 2-24(d)所示,前者接近 25 MPa 达到峰值强度,而后者在 7.5 MPa 时已达峰值强度;同一煤层变形特征也可能出现较大差别,如图 2-24(b)和图 2-24(c)所示,前者持续增加直至近似 45 MPa 时破坏,而后者增加至 25 MPa 时达峰值强度,煤体内裂隙扩展,具有一定残余强度。图 2-25 反映了不同煤层黏聚力和内摩擦角存在差别,9#煤层黏聚力远大于 5#煤层。黏聚力与煤体内节理、裂隙发育、强度性质等因素有关,内摩擦角值具有一定随机性,与煤层性质关系不大。

表 2-7　　　　　　　　　　　煤体物理力学性质实验汇总表

岩性	密度实验	劈裂拉伸实验	单轴压缩实验				变角模剪切实验	
	自然干燥密度 $\rho_0/(\mathrm{g/cm^3})$	劈裂拉伸强度 σ_t/MPa	单轴抗压强度 σ_c/MPa	弹性模量 E/GPa	泊松比 μ	剪切模量 G/GPa	黏聚力 c/MPa	内摩擦角 $\varphi/(°)$
9#煤	1.389	1.93	33.85	5.04	0.303	1.93	5.45	40.54
5#煤	1.436	1.29	8.36	3.67	0.278	—	3.75	39.62

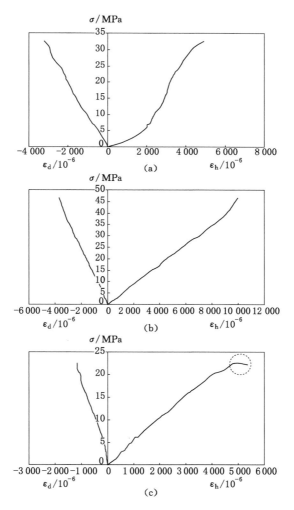

图 2-24　煤体单轴压缩应力-应变关系曲线图

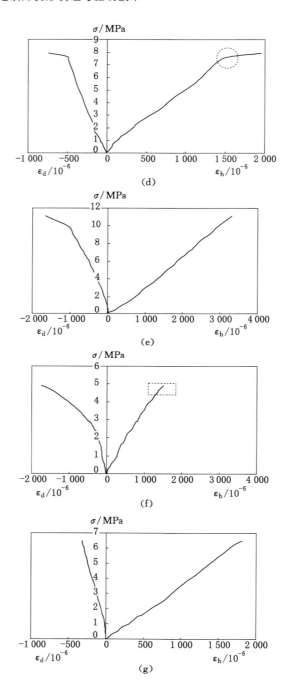

图 2-24　煤体单轴压缩应力-应变关系曲线图(续)

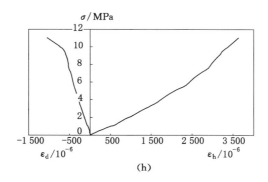

图 2-24　煤体单轴压缩应力-应变关系曲线图（续）

（a）～（c）为 9# 煤层；（d）～（h）为 5# 煤层

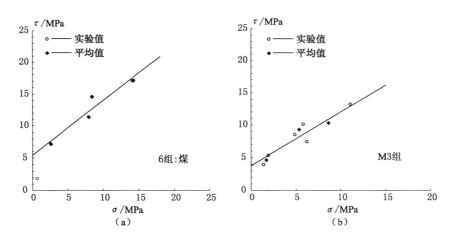

图 2-25　煤样剪应力与正应力关系曲线图

（a）9# 煤；（b）5# 煤

三、特厚煤层沿底巷道顶板变形影响的关键因素

特厚煤层沿底巷道顶板变形因素可分为三大类，如图 2-26 所示，主要分为工程结构因素、沉积结构因素和支护结构因素。

沉积结构因素包括煤与夹矸性质及厚度、地下水、断层或褶皱等地质异常带等，为便于分析，提出复合强度因子 f，其是在特定沉积环境下（地下水、断层、褶皱等）煤与夹矸组合体综合抗变形强弱值，因此 f 值大小在一定程度上也反映了顶煤应力环境强弱，将 f 设定为 0.1～1。当 f 值越小时，代表其抗变形程度越弱，顶煤与夹矸组合体越易发生变形；当 f 值较大时，代表其抗变形程度较

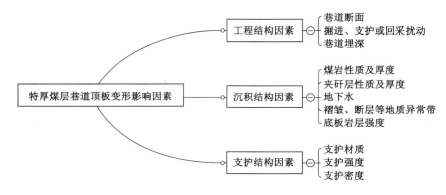

图 2-26　特厚煤层巷道顶板影响因素分类

强,也越不易变形,具体取值如表 2-8 所列。

表 2-8　　　　　　　　煤与夹矸组合体复合强度因子取值及对应性质

复合强度因子 f	煤矸组合体强度	性质(外荷载下)
0.1～0.3	弱	易发生变形
0.4～0.6	中	有一定变形,相对稳定
0.7～1.0	强	较稳定

　　厚顶煤与夹矸组合体变形除了与沉积结构有关外,与锚杆(索)支护过程中对应的支护强度大小同样密切相关。顶煤层复合强度因子较小、支护强度弱时,发生顶板冒落的概率相对复合强度因子大、支护强度大时冒顶概率大很多。锚杆(索)支护强度非单一值,而是综合值,涉及锚杆(索)材质、长度、直径、布置密度、支护角度、施加预紧力大小、锚固剂数量与强度、配套金属网强度、钢带(槽钢梁/梯子梁)强度等因素,提出支护强度因子概念,主要反映锚杆(索)支护结构体的整体强弱,以系数 k_0 表示,如表 2-9 所列。当 k_0 取值较小时,说明支护强度较弱,不利于控制顶板变形;当 k_0 取值较大时,则表明支护强度较高,对顶板变形控制较好。

表 2-9　　　　　　　　顶板支护强度因子取值及对应性质

顶板支护强度因子 k_0	支护结构体综合强度	性质(顶板出现变形)
0.1～0.3	弱	控制程度差
0.4～0.6	一般	在一定程度上能控制
0.7～1.0	强	能有效稳定

　　厚顶煤变形还与工程结构因素有关。当巷道埋深大、地应力较高时,厚顶煤中承受应力也较高,巷道开挖后也更易发生较大变形。巷道断面形状和大小也会影响厚顶煤变形。以矩形巷道为例,开掘煤帮较高时,对两帮稳定性有较大影响,对煤帮支护提出更高要求。相对顶板而言,巷道宽度增大较煤帮高度增加对顶板变形影响更大。另外,巷道掘进或工作面回采过程中对前方顶板扰动破坏影响明显,将采掘过程中工程扰动作用下对顶板的影响统一称为工程扰动影响因子,以 J 表示,$J = S_1/S_2$,其中,S_1、S_2 分别为工程扰动下侧向水平应力和垂直应力值。

　　由于开挖的特厚煤层沿底巷道的顶板、两帮和底板成封闭结构体,顶板和两帮均为煤层,而底板为岩层。当底板岩层强度低、较软弱时,应力以底鼓形式释放。当底鼓达到一定程度后,巷道围岩整体结构发生变形破坏,两帮和顶板煤体也随之变形;当顶板岩层较硬、煤体较软时,由于煤体强度远低于硬岩层强度,两帮煤体支护过程中易破坏而失去支撑能力,当两帮煤体产生较大位移时,两煤帮大范围的破坏区和塑性区扩大了顶板宽度,顶板产生较大变形甚至出现垮冒现象。因此,两帮支护强度也是影响顶板变形的关键因素之一,类比顶板强度因子概念,提出两帮支护强度因子 k_1,如表 2-10 所列。

表 2-10　　　　　　　　　　两帮支护强度因子取值及对应性质

两帮支护强度因子 k_1	支护结构体综合强度	性质(两帮出现变形)
0.1～0.3	弱	控制程度差
0.4～0.6	一般	在一定程度上能控制
0.7～1.0	强	能有效稳定

　　综上所述,特厚煤层沿底巷道中影响厚顶煤变形有七大关键因素,分别是:埋深、巷道宽度、底板岩层强度、工程扰动影响因子、煤与夹矸组合体复合强度因子、顶板支护强度因子和两帮支护强度因子。结合第二章第一节建立的数值模型,通过对模型及相关参数变换,探讨每一种关键因素对顶板影响程度和顶板变形规律。此次运算共计建立 22 个模型,模拟计算中根据不同的关键影响因素,依次改变相应参数并运算至平衡,开挖巷道并运行至 1 500 时步后,对不同支护参数下巷道变形结果进行比较,如图 2-27 所示,以下分别对每一因素进行分析。

　　(1) 巷道埋深。在埋深从 200 m 增加到 1 000 m 过程中,顶板、两帮变形量一直增大。当巷道埋深超过 600 m 后,顶板变形速度明显加快,其幅度既大于由 200 m 到 600 m 时顶板下沉幅度,也大于两帮变形收敛率变化幅度。可得:巷道埋深对特厚煤层巷道而言,对顶板影响远大于两帮,埋深 600 m 以后影响差异性更加显著。

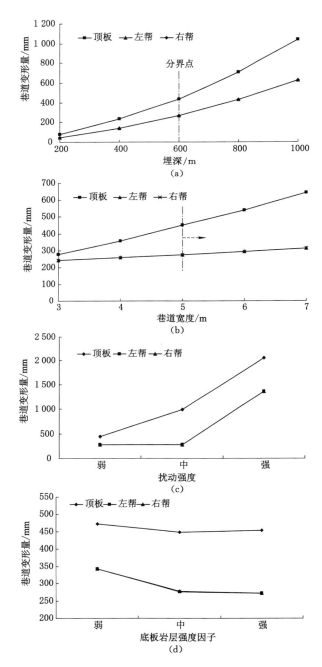

图 2-27　不同因素影响下巷道顶帮变形

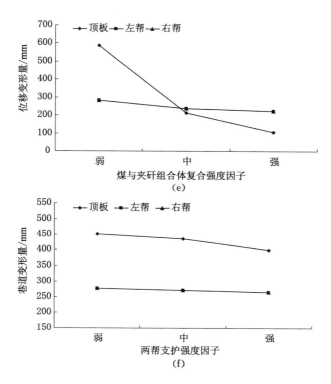

图 2-27　不同因素影响下巷道顶帮变形(续)

(a) 埋深;(b) 巷道宽度;(c) 工程扰动影响因子;(d) 底板岩层强度因子;
(e) 煤与夹矸组合体复合强度因子/顶板支护强度因子;(f) 两帮支护强度因子

　　(2)巷道宽度。当巷道宽度由 3 m 增加到 7 m 时,顶板和两帮的变形趋势相差较大,顶板随宽度增大其变形值呈近似直线上升,两帮在 3 m 和 7 m 处时变形值则相差不大。从顶板变形随巷道宽度增大呈近似直线发展趋势也可得出:特厚煤顶回采巷道由于普遍在 5 m 以上,顶板变形受巷道宽度因素影响强烈,在巷道宽度增大过程中,顶板中部和顶帮角分别受拉应力破坏和剪应力破坏范围增加,随顶板下沉、顶帮角破坏区域向深部延伸,巷道有效宽度进一步加大,增大了顶板灾变程度且易导致冒顶事故,支护过程中更应重视宽度对顶板变形的影响。

　　(3)工程扰动影响因子。特厚煤层巷道顶板变形程度与工程扰动影响强弱密切相关,如图 2-27(c)所示,随工程扰动由弱变强,顶板下沉量快速增加,尤其是扰动因子从中级到强级过程,顶板出现剧烈下沉。在强扰动计算指定时步结束时顶板煤岩发生破坏,如图 2-28 所示。在弱扰动时,顶板下沉量为 450.15 mm,顶板围岩受拉应力和剪应力作用,但并未出现失稳破坏,单侧煤帮回缩 276.7 mm。在中扰动时,顶板下沉量达到 984.25 mm,顶板出现较严重的受拉破坏,但单侧煤帮变形仍为 276.22 mm,变形不大;因此,此时控制顶板持续变形仍是防止巷道失稳的关键。在强扰动时,顶板下沉量达到 2 055 mm,单侧煤帮变形量达到 1 357 mm,巷道顶板浅部围岩受拉应力作用完全破坏,两帮也出现强烈内缩。此时,需要综合加强顶板和两帮变形控制,才能有效保障巷道围岩稳定。

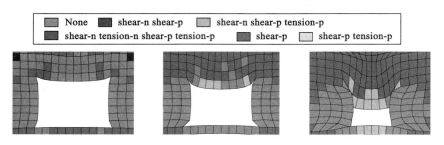

图 2-28　工程扰动因子为不同级别时巷道围岩塑性区分布
(a)弱扰动;(b)中扰动;(c)强扰动

(4)底板岩层强度因子。底板岩层强度因子相对于其他因素而言对巷道顶板变形影响相对较弱,但仍属于影响顶板变形的关键因素之一。如图 2-27(d)所示,当底板岩层强度因子等级由弱级逐渐增加到强级时,顶板下沉量变化总体不大,模拟结果显示从弱级时的顶板变形量为 472.62 mm 降低为强级时的453.96 mm。但底板岩层强度作为潜在控制顶板变形的因素主要体现在:当底板岩层强度因子等级低时,巷道产生较大底鼓,应力释放过程中对顶帮变形造成较大影响;而底板岩层强度因子等级高时,巷道围岩作为相对封闭的整体,其变形多以整体变形为主,巷道围岩移近量较小。

(5)煤与夹矸组合体复合强度因子和顶板支护强度因子。由于这两种因素均涉及顶板煤与夹矸组合强度,数值模拟中将两种因素合一进行分析。从图 2-27(e)中可以看出,在煤与夹矸组合体复合强度因子或顶板支护强度因子由弱到强变化过程中,顶板变形量大幅降低,而两帮收敛值减小不明显。当顶板煤与夹矸组合强度因子等级或顶板支护强度因子等级为弱级时,顶板变形量达到 588.9 mm;当相应等级为中级时,顶板变形量减小到212.8 mm;而相应等级为强级时,顶板变形量进一步降低到 106.4 mm。可以得出:当顶板煤与夹矸组合体复合强度因子或顶板支护强度因子由弱级变为中级时,顶板变形量将大幅度减小,而由中级增大到强级时,顶板变形量继续降低但幅度弱于由弱级到中级时,而两帮变形量与这两种影响因素相关性较小。因此,在现场实践中需要分析煤与夹矸组合体复合强度因子级别,并在此基础上采用多种措施提高顶板支护强度因子等级,从而能有效控制顶板变形。

(6)两帮支护强度因子。如图 2-27(f)所示,当两帮支护强度因子等级由弱级增大到强级时,顶板变形量由 450.15 mm 减小到 398.57 mm。两帮支护强度因子与顶板支护强度因子对顶板变形控制作用有较大区别,通过比较图 2-27(e)和图 2-27(f),两帮支护强度等级由弱到中级过程对顶板变形量影响不大,当从中到强级过程中顶板变形量降低明显,而顶板支护强度等级则刚好相反。这是由于两帮支护强度因子等级为弱或中级时,两帮围岩控制效果一般,导致巷道有效跨距大,顶板出现较大变形;当两帮支护强度等级为强级时,两帮围岩控制效果好,减小了巷道的有效跨距,增强煤帮稳定性,间接控制顶板下沉或变形冒落。

第三节　特厚煤层沿底巷道顶板灾变机理初探

第二节已对影响特厚煤层沿底巷道顶板变形的几大关键因素进行了分析,为采掘服务期间采取合理的支护方案或加强措施提供了基础,在某种程度上能大幅降低顶板破断冒落概率。然而,厚煤顶中煤体节理裂隙发育,软弱夹层强度低,开掘后顶板出现变形是必然的,但变形并不一定导致垮冒,本节通过分析厚顶煤灾变机理,研究煤和夹矸组合体变形规律,找出顶板内部煤岩层演化特征,提高顶板支护的针对性和增强顶板的稳定性。

厚顶煤中含多层软弱夹矸,夹矸存在不仅破坏了顶煤的完整结构体,减弱了顶煤体抗变形能力,同时由于夹矸层数多,将具有一定厚度的顶煤分割成数段非连续的薄层状煤层,可以将煤体和夹矸层简化成层状板,利用板结构分析方法来研究其变形机理。板可分为薄板和厚板。当 $h/l \leqslant 1/5$ 时,可以将其看作薄板;而当 $h/l > 1/3$ 时,可以将其看作厚板;而当 h/l 在 $1/5 \sim 1/3$ 之间时,则根据实际情况可看作薄板或厚板。其中,h 指板的厚度,l 指板间水平跨度。

无支护作用下巷道岩石顶板的变形和破坏特征可用坐标系 s-t 来描述,如图 2-29 所示。其中,s 指顶板中截面的下沉量,t 指时间。从曲线可以看出,单层岩石顶板变形和破坏可分成四个阶段:

阶段 1:巷道掘出顶板刚悬露时,在很短时间的区间内发生瞬时变形 s_1。

阶段 2:掘出后一段时间中将出现两个过程,由于时间和工作面远离的影响,弹性变形继续增加,同时岩体蠕变变形也在增加,一直到 $t = t_1$,顶板下沉值达到 s_2。

　　阶段 3：顶板中部出现贯通裂隙时，将形成类似坚硬顶板情况的三铰拱而代替板，在 t_1 至 t_2 过程中，在顶板的中部和铰节点处出现破坏，此阶段顶板下沉量较大；直到铰节点形成新的平衡稳定结构时为止，此时顶板总体变形量达到 s_3。

　　阶段 4：从 t_2 到 t_3 期间，顶板出现蠕变变形，直至铰接点处发生松散破坏至碎裂为止（t_3），而这也与顶板完全失去支撑性能的时间一致。

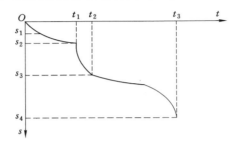

图 2-29　单层岩石顶板中部截面下沉曲线

　　特厚煤层巷道顶板与复合岩石顶板变形存在较大区别，煤层中由于存在密集的层理、微裂隙、节理等非连续结构，巷道开挖后顶板并非出现类似岩层状弯曲变形直至破坏。

　　特厚煤层巷道顶板部分变形特征如图 2-30 所示。可得：特厚煤层回采巷道受掘进或回采作用影响，灾变发展过程可概括为：离层（具有较大强度）→破断（具有一定强度）→碎裂（基本无强度）。复合岩层顶板中离层一般出现在具有不同刚度的岩层界面上，由于存在荷载、刚度、厚度等因素不同，巷道顶板各岩层向开挖空间方向弯曲程度不一致，导致层间分离，岩层中部受拉较大，离层发展到一定程度，在岩层中部出现破断，并最终引发顶板垮冒。而特厚煤层巷道顶板由煤层和多层软弱夹矸组成，且煤中裂隙数量多，变形过程中顶板煤岩本身难以形成梁结构，在煤与夹矸层界面间以及煤层内部均出现离层现象，如图 2-30 所示，离层发展下一阶段是局部煤岩破断。此后，随应力的梯次作用，破断煤岩范围逐渐向外延伸扩展，由于煤与夹矸强度均较低，煤层中出现多条宏观裂隙，破坏了顶或帮煤岩的整体结构，并随作用时间的延长，最终导致煤体呈现碎裂状。碎裂煤体随应力强度、扰动强度、时间因素逐步向开挖空间深部围岩中加速扩展，在这种情况下若支护强度不足或锚杆（索）间、排距过大，易导致大面积突发性冒顶或垮帮事故发生。因此，进一步探索特厚煤层巷道顶板出现灾变失稳及控制措施需要从以下两方面考虑：

　　（1）研究影响顶板煤体内及煤和夹矸层间离层机理、关键影响因素，采取合理控顶技术，减小顶板离层及其发展，这在第三、四章将详细分析。

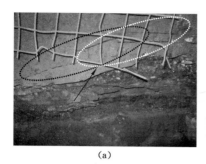 

(a)　　　　　　　　　　　　(b)

图 2-30　特厚煤层巷道顶板煤体变形特征

（2）分析特厚煤层巷道顶板离层监测方法和安全性判定指标，形成集监测方法、支护安全性判定指标、评价为一体的顶板安全性分析系统，相应内容将在第五章详细分析。

第四节　本 章 小 结

综合现场调研实测、数值模拟、理论研究和实验测试方法，分别对特厚煤层巷道变形特性、顶板变形关键影响因素及顶板灾变机理进行研究，主要得出以下结论：

（1）对于特厚煤层巷道变形特性而言，主要有：① 巷道开挖初期无支护情况下顶帮为协同变形，而后顶板下沉速度及变形值均大于两帮，增加锚杆（索）支护后，在巷道掘进阶段两帮变形量大于顶板变形量，而回采过程中则刚好相反；② 通过与复合顶板巷道相比，特厚煤层顶板变形速度和变形量较小，顶板垮冒具有较强突发性（部分极软煤层除外），顶帮变形量大小并不能准确判断或预测顶板垮冒；③ 特厚煤顶巷道稳定性关键在于保持厚顶煤（含夹矸）结构稳定。

（2）影响特厚煤层巷道顶板变形因素归结为三大类，分别为：沉积结构类、工程结构类和支护结构类；得出七大关键影响因素，分别为：埋深、巷道宽度、底板岩层强度、工程扰动影响因子、煤与夹矸组合体复合强度因子、顶板支护强度因子和两帮支护强度因子。

（3）特厚煤层顶板灾变发生主要是厚煤层中夹多层软弱岩层，且包含密集的层理、微裂隙、节理等非连续结构。其灾变发展过程为：离层（具有较大强度）→破断（具有一定强度）→碎裂（基本无强度）→垮冒，且首次研究发现厚煤层顶板离层不仅存在于煤与夹矸层界面间，在煤层内部非连续结构处同样存在。

第三章　特厚煤层巷道顶板离层机理及关键影响因素

第一节　特厚煤层巷道顶板离层概念和分类

一、顶板离层的概念

复合顶板巷道中将顶板离层定义为岩层与岩层之间的分离,岩层间分离的大小一般用离层量来表示。鞠文君等将上述离层定义为狭义顶板离层,并认为除狭义的顶板离层外,还包含顶板岩层的弹塑性变形、扩容变形等,使顶板离层范围大幅增加。

特厚煤层沿底巷道顶板主要由厚煤层和多层软弱夹矸组成,煤层内部含有大量的裂隙、层理等不连续结构体,对应的变形特征与复合顶板岩层存在较大区别,通过对平朔集团井工二矿和同煤集团同忻煤矿近 18 个月的离层变形进行实地监测与研究,特厚煤层巷道顶板离层主要表现为:① 煤层承受荷载作用下极限挠度远小于煤层作为整体的破断挠度;② 煤层与软弱夹矸层两者界面处易发生离层;③ 煤层内沿煤层层面方向的节理处是离层的多发区域。在此将特厚煤层沿底巷道顶板离层定义为煤层与软弱夹矸层间分离,和煤体内部沿层面方向非连续结构体的增多以及法向分离径长的扩大,如图 3-1 所示。

二、顶板离层的分类

复合岩层顶板的离层有深部离层和浅部离层之分,深部离层主要指锚索锚固区域邻近煤岩层离层,而浅部离层主要指锚杆锚固区域邻近煤岩层离层,也有学者将离层分为锚固区外离层和锚固区内离层,而特厚煤层巷道顶板由于多层软弱夹矸将整体煤层切割为非连续且厚薄不均的多区域煤层,离层变形在开挖巷道顶板表面以上至非扰动煤岩层处均有可能出现,根据离层区在围岩中出现的不同深度,可将巷道顶板离层分为浅部离层、中深部离层和深部离层,两者比较结果如图 3-2 所示。

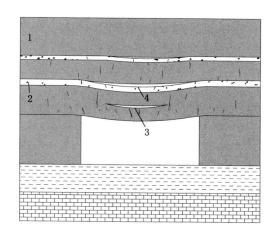

图 3-1　特厚煤层顶板离层示意图

1——煤层;2——软弱夹矸;3——煤层内沿煤层层面节理处离层;

4——煤与软弱夹矸层分离

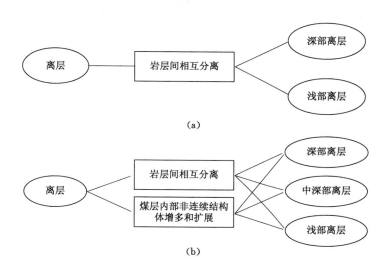

（a）

（b）

图 3-2　复合岩层顶板和特厚煤层顶板离层比较

（a）复合岩层顶板;（b）特厚煤层顶板

另外,需要说明的是,在分析复合岩层顶板离层与巷道变形之间的关系时,许多学者提出新的离层概念,即总离层或分离层。总离层是浅部离层和深部离层值的总和,其理由是顶板总变形是由顶板岩层间众多离层值组成的,因此需要计算不同离层值的总和,根据顶板稳定性程度综合考虑。而分离层是深部离层值与浅部离层值之差,其中认为深部离层值较浅部离层值大的理由是:由于离层后下部岩层自重因素的影响,深部离层值一般比浅部离层值大;而还有一部分学者认为浅部离层值较深部离层值大,其理由是:浅部岩层受扰动影响大,且开挖后较短时间内煤岩体由三维受压转为双向受压,因此相对应的浅部岩层变形和离层均较大,而深部岩层受扰动较小,且处于相对稳定区域,其离层变形值也较小,因此浅部离层值大于深部离层值,并将浅部离层值与深部离层值之差定义为分离层。

现场实测发现,特厚煤层沿底巷道顶板中不同位置处离层值存在一定差距,反映了开挖巷道顶板不同区域煤岩层变形情况,从而反馈顶板安全状况,检验顶板内采用的锚杆(索)支护方案合理性以及顶板支护稳定性状况。

特厚煤层沿底巷道顶板离层还可根据锚固位置划分为锚固区内离层和锚固区外离层,现场支护过程中选择单一锚杆或锚索支护控制顶板情况较少,普遍采用锚杆(索)联合支护,依据现场支护实践,可进一步将离层细分为锚杆锚固区内离层、锚杆—锚索锚固点间离层和锚索锚固区外离层。

根据顶板离层量大小与顶板失稳关系又可将离层分为安全离层、临界离层和危险离层。安全离层是指顶板离层量较小,不影响顶板煤层稳定性;临界离层是指离层值处于安全和危险离层量之间,其对应的离层量称为离层阈值,离层或顶煤的变形与支护结构处于相对平衡稳定状态;危险离层主要是指离层值超过离层阈值,对顶板煤层稳定性构成威胁,易导致顶板灾变失稳。

三、顶板离层与煤体节理、裂隙关系

顶板离层是巷道开挖后压应力、拉应力、剪应力作用的综合结果,所对应的变形是不可逆变的,即离层后煤层与夹矸层间或煤层分离后的两层间黏聚力为0,且离层值大小总体呈增长趋势;节理和裂隙是煤层内随地质构造形成的,Priest 将煤岩体中的裂隙和断裂面统称为节理;而 R. E. Goodman 等认为节理是相对岩体而言,即岩体中不连续面都为节理,而裂隙是针对岩石而言,岩石中不连续面称为裂隙,裂隙在应力作用下存在张开、闭合、扩展变化形态,且分布位置不一,而节理在煤岩层中的分布均有非均质性和各向异性。

从上述分析可以看出,顶板离层与节理或裂隙既有联系也存在较大区别,特

厚煤层沿底巷道顶板煤层内部包含大量节理、裂隙或层理,在高应力作用下裂隙或层理的扩展导致离层的发生,但层理或裂隙方向需沿煤层层面方向,如图 3-3(d)中层理方向就非离层,可以认为沿煤层方向发育的煤岩节理或裂隙扩展后在煤层中形成的非连续空间称为离层;煤矿巷道现场调研测试中发现,煤体总裂隙数量多,单裂隙对顶板稳定影响小,而节理与裂隙类似,在高应力作用下煤层完整性受到影响,并随应力作用时间增加,裂隙扩展贯通或多节理发育,将顶板破坏切割成碎裂结构体,而顶板离层是煤岩层中变形较为显著且对顶板稳定性影响最大的非连续结构之一。因此,通过控制顶板离层变形发展,有利于抑制煤层中裂隙扩展发育或节理变形。

如图 3-3 所示,煤层中离层、节理与裂隙发展对煤体稳定性影响不一,顶板离层发生后,当顶板支护较弱或应力较大时,呈弯曲变形发展。而应力作用下煤体沿节理产生剪切破断,如图 3-3(b)、(c)所示,破断的煤体呈碎裂状煤块从钢筋网中散落开或即将散落,煤块的滑移对邻近煤体稳定性构成威胁。宏观裂隙是多微裂隙扩展延伸的结果,不只在巷道表面呈现,在煤体深部相应区域也出现,尤其是高应力作用下多裂隙交叉发展,同样不利于巷道支护稳定。

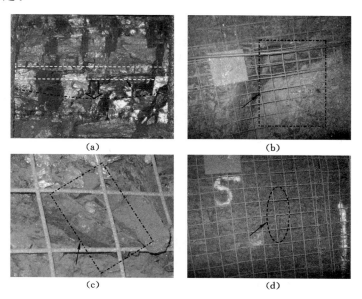

(a)   (b)

(c)   (d)

图 3-3 特厚煤层巷道典型非连续结构体

(a) 离层;(b)、(c) 节理;(d) 裂隙

第二节 特厚煤层锚杆(索)联合支护下 巷道顶板离层机理

在国外,1886 年 M. 法欧首次通过实验证实了岩层间离层现象存在;A. A. 鲍里索夫教授采用相似模拟实验,利用水泥和石膏分层作为巷道顶板,进一步得出离层大小与岩层刚度密切相关,如图 3-4 所示;美国工程科学院院士 Syd S. Peng 对美国井下煤矿垮冒巷道开展了广泛的调研实测,总结得出了顶板发生垮冒的几大因素,而其中顶板离层属关键诱因之一。

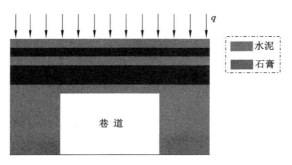

图 3-4 层状顶板离层相似模拟实验

特厚煤层巷道普遍采用锚杆(索)联合支护,然而由于顶板支护过程中无稳定的锚杆(索)锚固点(煤层中或软弱夹矸层中)、锚杆(索)支护方案设计差别大[尤其与锚杆(索)的预紧力、间排距参数密切相关]以及巷道原岩/开采应力环境等因素的影响,厚煤层顶板在支护后仍出现离层变形现象。当厚煤层顶板中煤矸界面离层或煤层内部离层值超过对应的煤矸离层或煤体自身离层临界值时,顶板发生局部或大面积垮冒,如图 3-5 所示,以下对厚煤顶巷道锚杆(索)支护下顶板离层机理进行研究。

贾明魁对我国 162 起锚杆(索)支护下煤巷冒顶事故统计发现:顶板软弱夹层导致冒顶事故占 19.75%,由于夹层厚度薄,一般在几毫米到几十毫米,当软弱夹层位于锚固区域以上时,易导致锚杆锚固区域与交界岩层出现较大离层变形,甚至引发顶板垮冒。同时,对夹层位于顶板不同位置和厚度时的顶板变形破坏特征开展了研究。而后,张农等比较了软弱夹层位于锚杆锚固区域内、锚固区边缘和锚固区外三种情况下顶板劣化特征,得出夹层位于锚固区边缘处顶板离层垮冒危险性较其他两种类型大,相似模拟实验结果如图 3-6 所示。实际上,顶板夹层位置和锚杆锚固区关系与锚杆锚固体和邻近锚固体岩层关系基本类似。

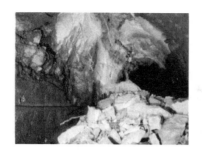

图 3-5　锚杆(索)巷道顶板垮冒及补给支护

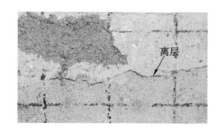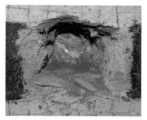

图 3-6　相似模拟实验中顶板离层和垮冒

在上述对复合岩层顶板离层研究的基础上,对特厚煤层巷道锚杆(索)支护顶板而言,将锚杆锚固体作为一阶支护域,锚索锚固体作为二阶支护域,锚杆与锚索联合支护体作为三阶支护域,采用力学理论分析方法分别对一、二、三阶支护域下顶板离层机理和特征进行分析。

一、一阶锚杆支护顶板离层

特厚煤层巷道顶板采用单一锚杆支护时,结合锚固范围大小,离层位置大体分布于锚固区外和锚固区内。对于锚固区外出现离层观点,许多学者基于复合岩层顶板结构,采用数值模拟分析、现场监测或实验室相似模拟实验,但在结论上基本一致,即复合岩层顶板锚杆支护中离层主要出现在锚杆锚固区域外,对锚固区域内离层则观点不一。许多学者借助于锚杆组合拱理论或组合梁理论,认为锚杆间排距小,支护密度普遍较大,锚固区内一般不会出现离层,而认为出现离层的特殊情况是顶板锚杆施加预紧力小或无预紧力,锚杆支护设计仅基于悬吊理论出发,因此难以形成强度基本一致的锚固整体。还有一种观点是锚固区内一般会出现离层,这是由于受地质因素或采动环境因素影响,锚杆锚固区形成锚固整体程度低,且岩层内裂隙节理发育,在原始构造应力或高支承应力作用下,岩层不仅表现为沿巷道开挖空间方向弯曲下沉破坏,在岩层与岩层间错动剪切破坏也十分明显;后者高剪切应力作用下对锚固区域稳定性破坏强度大,从而导致锚杆锚固区域内离层现象发生,不发生离层的特殊情况为支护过程中对锚杆施加高预应力,使得浅部岩层呈完全刚性梁结构且复合岩层单层完整(节理裂隙不发育),然而,此种特殊情况仅存在于理论中,在煤矿现场中一般难以出现。

建立锚杆支护下厚煤层顶板离层力学模型,如图 3-7 所示。基于大量现场实测发现,在锚杆锚固区域外和锚固区域内均有离层产生,而离层大小、主要分布区域乃至具体位置等则需结合现场煤巷生产地质条件、锚杆支护方案和离层监测结果综合确定。当锚固区外产生离层时,如图 3-8 所示,主要有两种情况:一是锚固区整体与锚固区外邻近煤体在节理裂隙处产生离层,如图 3-8(a)所示,此时在煤层间节理处黏聚力 $f_s=0$;二是锚固区整体与锚固区外邻近软弱夹矸分界面处产生离层,软弱夹矸与煤层交界处黏聚力 $f_s \neq 0$。对于第一种情况,即煤体内节理面扩大导致离层现象,可根据锚杆强度强化理论分析,为便于研究,将锚杆与锚固岩层组合体称为锚固体 a,从而将问题简化为 a 与邻近 b 煤层之间的离层变形,如前所述,当煤层 b 中水平节理翼缘在高水平应力作用下扩展时,可将 b 煤层分为 b_0 和 b_1,a 锚固体与 b_0 煤层镶嵌作为整体。垂直应力 q 使得岩层体产生下沉变形,而侧向应力 σ_3 使得煤层以节理为分界面,上、下煤岩层分别产生弯曲变形,由于 b_0 与 a 锚固体距开挖空间近,承受拉应力远大于节理处上部的 b_1 煤层,在侧向应力与拉应力作用下,节理区在径向方向延伸扩大,并随围岩垂直应力或侧向应力、支护服务时间增大演变为离层区域,锚杆锚固区域小、锚固强度低或支护能效不足等都会导致顶板从离层演变至冒落。

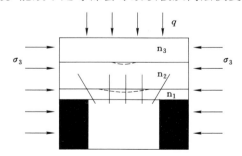

图 3-7　特厚煤层巷道顶板一阶锚杆支护离层状况

当厚煤层顶板中软弱夹矸位于锚杆锚固区外邻近处时,如图 3-8(b)所示。与图中 3-8(a)区别的是,软弱夹矸层与煤层间黏聚力 $f_s \neq 0$,在垂直应力和侧向应力作用下,软弱夹矸层 c 和锚固体 a 与 b_0 煤层的混合层 ab_0 均发生较大弯曲变形。当 ab_0 混合层形成的挠度 w_0 大于软弱夹矸层形成的挠度值 w_1 时,即 $w_0 > w_1$,在混合层和软弱夹矸层间发生离层;而当 ab_0 混合层形成的挠度 w_0 小于软弱夹矸层形成的挠度值 w_1 时,即 $w_0 < w_1$,混合层和软弱夹矸层呈整体下沉,而没有离层现象发生。在巷道围岩地质生产条件一定的情况下,从分析可知,对锚固层强度和厚度影响较大的锚杆长度、间排距、预紧力等参数对离层变形发展也起重要作用。

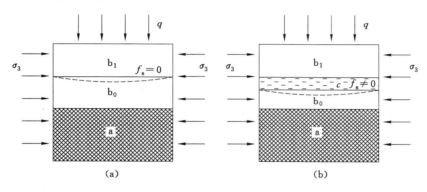

图 3-8　锚固区外离层两种类型

(a) 同一煤层节理处离层;(b) 煤层与软弱夹矸层离层

a——锚固体;b——煤层;c——软弱夹矸层

　　而对厚煤层顶板锚固区内离层而言,如图 3-9 所示,普通预应力下锚杆锚固体形成的"刚性梁"结构刚强度较弱,且厚度较小,这主要针对端锚固或加长锚固而言,但这也是现场特厚煤层巷道锚杆最常用的锚固方式;全长锚固方式在此类型煤巷中应用范围很小,因此模型分析中不予考虑。

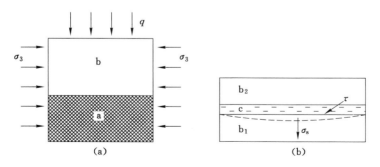

图 3-9　锚杆锚固区内离层

(a) 宏观力学模型;(b) 锚固区内部细观离层

a——锚固区;b,b_1,b_2——煤层;c——软弱夹矸层

结合力学模型和现场观测发现,锚固区内离层方式可分为两种:拉应力导致的层间弯曲,岩层挠度不一致出现离层;高水平侧向应力引发剪应力在煤(岩)层中产生节理裂隙扩散离层。第一种类型主要与软弱夹矸层在锚固区内位置及厚度、煤岩层刚强度差异性、预应力及锚杆支护密度等因素相关。当夹层较厚且距顶板开挖表面较远、预应力较小时,在夹层与煤层界面处出现离层。第二种类型主要与水平应力、节理长度、煤岩层刚强度差异性因素相关,当水平应力较高,节理长度大且煤岩层差异明显时,在节理处产生剪切破坏引发节理裂隙扩散离层。

二、二阶锚索支护顶板离层

厚煤顶巷道锚索支护顶板离层主要分为锚索锚固区内离层和外离层两种类型。锚索支护主要特点为:长度大,预紧力高,抗剪切能力强,但其延伸率较小。由于特厚煤层顶板中锚索支护普遍为每排1根或2根,锚索预紧力远大于锚杆预紧力,抗拉强度较低,实验室对典型锚索开展力学性能测试,结果如表3-1所列。但相对于锚索整体长度而言,预应力在岩层中的影响范围较小,高垂直和水平应力共同作用下锚索长度范围内岩层产生内离层,内离层大小与煤岩层强度性质、预应力大小、锚索长度及围岩应力大小等因素相关;当锚索锚固点以上邻近岩层为软弱夹矸层或煤层中较大节理时,与锚杆外离层类似,高应力作用下在软弱夹矸层与锚索锚固区和所锚固煤层间或较大节理处产生离层,并随应力和支护时间增加而增大。

表 3-1   **不同锚索索体的力学性能测试结果**

强度级别/MPa	结构	捻向	公称直径/mm	拉断载荷/kN	延伸率(δ)/% ($L_0 \geqslant 500$)
1 860	1×7 结构	左捻	15.24	258	3.5
			15.24	260	3.5
			15.24	265	3.5
			17.8	359	5.0
			17.8	367	5.0
			17.8	360	5.0
	1×19 结构		17.8	382	7.0
			17.8	380	7.0
			17.8	380	7.0

三、三阶锚杆锚索联合支护顶板离层

特厚煤层巷道中应用锚杆和锚索联合支护方式越来越普遍,该类支护形式完善了一阶锚杆支护时深部煤岩层离层缺陷,加强了锚杆锚固区整体性、减少锚杆锚固区内离层值。同时,对于二阶锚索支护,也使浅部煤岩加固成为整体,减小了单点锚索锚固区内浅部离层值,当锚杆形成锚固区对浅部煤岩呈强化加固状态时,也有利于锚索锚固区外离层减小。然而,锚杆与锚索联合支护过程中,由于锚杆与锚索支护受力的非协同性,顶板不同位置处离层值大小不一,离层位置分布于锚杆锚固区内、锚索锚固区外和锚杆索锚固点之间。

如图 3-10 所示,锚杆锚固区内离层主要与锚杆锚固区内软弱夹矸的位置和厚度、锚杆预应力值、支护密度因素相关,但锚杆锚固区内离层值与一阶锚杆支护锚固区内离层值有较大区别。在锚索和锚杆联合预拉应力作用下,锚杆锚固区内离层值被限制在一定范围,对顶板稳定影响较小。

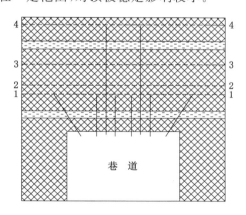

图 3-10　锚杆锚索联合支护离层示意图

锚索锚固区外离层是锚杆(索)联合支护中一种离层方式。由于锚索抗压强度大,施加预应力高,在高应力作用下,锚索在整体联合支护系统中承受力最大,岩层变形为整体下沉,在锚索锚固区外邻近软弱夹矸或煤体节理处产生离层,巷道顶板锚索锚固区整体出现垮冒概率较小,但对锚杆(索)联合锚固体下沉影响较大。锚杆(索)锚固点之间离层是锚杆(索)支护过程中岩层离层普遍形式之一,又分为邻近锚杆锚固端部处煤(岩)离层和锚索预应力影响范围外离层两种形式。前者离层值发展到相应临界值后易导致锚杆锚固区煤岩体垮冒,波及并致使锚索部分深部锚固区围岩渐次垮冒,主要与锚杆长度、支护密度和锚杆预应

力值因素相关;后者在剪应力和拉应力作用下超越锚索延伸许可长度,破坏锚索支护系统,进而将三阶支护降低为一阶锚杆支护,加大顶板垮冒发生率,降阶并加大顶板变形破坏发展程度,如图 3-11 所示。

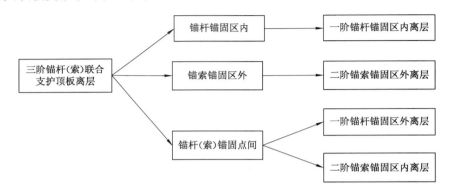

图 3-11 锚杆(索)联合支护顶板离层和一阶、二阶支护离层关系图

第三节 特厚煤层锚杆(索)支护巷道顶板离层关键影响因素

特厚煤层沿底巷道支护服务过程中,其顶板变形从宏观矿压显现而言表现为弯曲下沉,从厚煤层顶板内部微观变形角度而言则表现为层间分离和节理裂隙径向延伸扩展,即离层现象产生。通过对平朔矿区井工煤矿、金海洋集团五家沟煤矿及同煤集团同忻矿多条特厚煤巷离层变形情况调研发现:特厚煤层沿底巷道顶板离层值悬殊较大,甚至同一巷道不同区域处顶板离层变形值也存在较大区别,而影响离层变形因素很多,总结归纳影响因素可由三方面组成。

一是支护参数:锚杆长度(X_1)、锚杆支护间距(X_2)、锚杆预紧力值(X_3)、锚索支护长度(X_4)、锚索支护间距(X_5)、锚索预紧力值(X_6)。

二是煤矸性质:夹层位置(Y_1)、夹层厚度(Y_2)、夹层密度(Y_3)、煤层强度(Y_4)、煤层节理度(Y_5)。

三是巷道结构布置:巷道宽度(Z_1)、巷道埋深(Z_2)、侧压比大小(Z_3)、顶板水或断层、褶皱等综合因素(Z_4)。

由于涉及影响因素多,研究关键因素过程中各单一因素又包含多个具体值对离层的影响。当采用相似材料模拟实验研究时,由于经济原因而使得各种不同的技术方案难以得到比较充分的模拟,只能选择模拟其中几个典型的技术方案,从而具有一定的局限性。数值模拟计算具有功能强大、操作简便、运算灵活、计算结果可靠等优点,是目前岩土工程领域广泛应用的研究方法和研究工具,能够较好地模拟现场复杂多变的地质条件,并可对不同条件组合形成的各种不同技术方案进行深入细致的计算分析研究。因此,本节主要采用数值模拟分析方法对离层影响因素开展研究。

一、数值软件的选择及原理介绍

数值模拟软件的选择与研究结果的合理性密切相关,连续性软件如 $FLAC^{2D/3D}$,求解方法为有限元法。有限元法分析中基本的思路就是单元离散,将求解域剖分为若干单元,把一个连续的介质变换成为一个离散的结构物,然后就各单元进行分析,最后集成求解整体位移。对于离层分析而言,国内外许多学者采用 $FLAC^{2D/3D}$ 进行分析,然而,由于两个关键问题未能突破,相关分析结果有待于进一步验证。两个关键问题为:一是支护过程中软弱夹层与其他煤岩体协同变形,即便是无支护状况下,表面围岩也不会出现冒漏现象,而结果为整体变形,这与现场有较大区别;二是离层研究过程中,一般需要在应力加载前在岩层交界面处增加节理面,因此若出现离层现象也一定是在节理面处产生,这与现场监测结果相差较大。

有限元中利用节理单元模拟软弱夹层、层面、节理等地质不连续面最早是由 R. E. Goodman 提出,也称作 Goodman 单元,又称为无厚度节理单元。它是一段直接接触的平面,承受沿此界面的切向力和法向力,其应力-应变关系可简写为:

$$\begin{Bmatrix} \tau_s \\ \sigma_n \end{Bmatrix} = \begin{bmatrix} K_s & 0 \\ 0 & K_n \end{bmatrix} \begin{Bmatrix} \Delta u_s \\ \Delta v_n \end{Bmatrix} \tag{3-1}$$

式中　τ_s,σ_n——分别为切向应力及法向应力;

　　　K_s,K_n——分别为节理的切向刚度及法向刚度;

　　　$\triangle u_s$,$\triangle v_n$——两侧对应点的相对切向位移及相对法向位移。

然而由于节理无厚度,计算过程中节理面与上、下接触面易产生"错动嵌入"现象。另外,当节理上、下面发生转角位移时,也会在两者交界面处出现较大误差,1976 年 Goodman 针对转角位移引发情况对节理单元进行了修正,增加了节理中点力矩 M_0 和相对转角参数 w,如式(3-2)所列:

$$\begin{Bmatrix} \tau_s \\ \sigma_n \\ M_0 \end{Bmatrix} = \begin{bmatrix} K_s & 0 & 0 \\ 0 & K_n & 0 \\ 0 & 0 & K_w \end{bmatrix} \begin{Bmatrix} \Delta u_s \\ \Delta u_n \\ \Delta w \end{Bmatrix} \tag{3-2}$$

同时,基于 Goodman 的基本思路,国外研究学者进一步将无厚度节理单元改进为 6 节点变厚度节理单元,从而避免计算过程中接触面间嵌入现象发生,如式(3-3)所列：

$$\begin{Bmatrix} \tau_s \\ \sigma_n \end{Bmatrix} = \begin{bmatrix} K_s & 0 \\ 0 & K_n \end{bmatrix} \begin{Bmatrix} \gamma_s \\ \varepsilon_n \end{Bmatrix} = \frac{1}{h} \begin{bmatrix} K_s & 0 \\ 0 & K_n \end{bmatrix} \begin{Bmatrix} \Delta u_s \\ \Delta v_n \end{Bmatrix} \tag{3-3}$$

通过上述分析，在解决了转角误差和嵌入误差问题后应用节理单元时，计算过程中刚度系数 K_s 和 K_n 合理值的确定以及节理单元运用于离层的适用性仍值得探讨。

除了连续性分析软件外，在常用岩土分析数值模拟中还有一类称为离散元程序软件。当地质材料在破坏软化时，设置的节理线、空洞、夹层构造会表现出来，使结构成为运动的块体，当变形块体运动在弹性阶段时，由于块体间位移较小，可将其看作近似连续结构，此时采用有限元法、差分法、边界元法能有效计算结构位移与应力。但当非线性比较明显，如计算过程中离层空间区域较大时，若再采用连续方法计算或连续性软件模拟时，则将出现较大误差，需采用非连续性方法研究以及采用离散性软件模拟分析。

离散单元法最早由美国 Minnesota 大学 Cundall 教授提出，其基本原理为：对于节理裂隙岩体为平衡稳定的块体镶嵌系统，巷道开挖后，表面岩体处于无支撑状态，在重力作用下产生位移，与之邻近的块体也相应发生位移变化，或接触或分离，块体与块体间应力发生变化，将变形过程中嵌入点位作用点关系表示为：

$$F_n = K_n \cdot \delta_n \tag{3-4}$$

若原剪应力为 F_s^0，则剪应力增量为 ΔF_s，现有剪应力为：

$$F_s = F_s^0 + \Delta F_s \tag{3-5}$$

$$\Delta F_s = K_s \delta_s \tag{3-6}$$

原有块体位移产生的接触脱离、嵌入或切向位移导致相邻块体作用力、位移也发生变化，如图 3-12 所示，根据块体间的应力和位移传递特征，进一步影响其他块体。在每一变形时刻内，系统中各块体都有其自身的空间位置和受力状态；并随计算时间增加，块体间相互作用、相应地空间位置也发生变化；当块体不能达到自稳状态时，则出现局部坍塌，并逐级影响相邻块体。

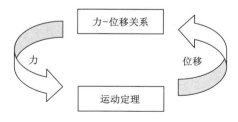

图 3-12　岩块体变形分析循环过程

巷道顶板离层变形是一种非连续性过程,在掘进或工作面回采过程中顶板岩层之间或单一岩层内部均可能出现较大的离层空间区域,采用连续性模拟分析软件计算顶板离层值与现实情况差距较大,而采用离散型软件模拟计算结果与现场巷道顶板离层过程或结果更为接近。因此,选择离散型数值软件中岩土工程应用较广的 UDEC 软件进行研究。

在确定选用 UDEC 软件对影响离层的不同组合方案进行模拟后,由于影响因素多达 16 个,如果每一个因素有 4 个水平,则其组合方案为 4^{16} 种,根本难以开展方案模拟。正交实验设计是用来科学地设计多因素实验的一种方法,它利用一套规格化的正交表安排实验,得到的实验结果再用数理统计方法进行处理,使之得出科学结论。它能从不同的优良性出发,合理设计实验方案,有效控制实验干扰,科学处理实验数据,全面进行优化分析,直接实现优化目标,因此,选择采用正交实验设计对离层影响因素组合方案进行优化设计。同时,为了提高组合方案中影响因素对顶板离层变形的针对性,从支护参数、煤矸性质和巷道结构布置三大类分别开展正交实验设计,并利用 UDEC 软件对组合方案模拟分析,分别得出三大类中影响顶板离层的关键影响因素,也有利于提出合适的锚杆索加固措施,保障特厚煤层巷道顶板支护安全和稳定性。

二、正交实验设计原理和步骤

(一)实验设计原理

当采用正交实验设计后,其基本工具——正交表中安排的实验方案各因素水平搭配都是"均衡的",或者说实验点是均衡地分散在所有水平搭配的组合之中。均衡分布是 19 世纪 20 年代英国统计学家 R. A. Fisher 提出的,正是由于实验点均衡分布,所以尽管实验次数不多,却能够很好地反映各因素各水平的情况,可以得到与全面设计几乎同样好的结果。以 3 因素 3 水平实验详细说明,全面实验方案需要 27 组方案,而正交实验需要 9 组方案,全面实验方案实验点分布图和正交表安排时实验点分布图如图 3-13 所示。

在正交实验里,以因素 A 为例,包含 A_1、A_2、A_3 三个水平,B 和 C 因素也各自含三个水平,相对 A 因素中三个水平而言,B、C 两因素的水平在实验中均会出现 1 次,因此,某一因素的水平实验值之和相对其他因素而言是相对固定不变的,即 B、C 对因素 A 同一水平的实验之和影响大体相同,其差异是 A 因素取不同水平所致,从而 A_1、A_2、A_3 相互间具有可比性,同样对 B 因素和 C 因素也是一样。因此,正交实验设计具有综合可比性,同时与前文所述的均衡搭配性特点一起,在减少实验次数的基础上能实现全面优化分析,直接实现优化目标。

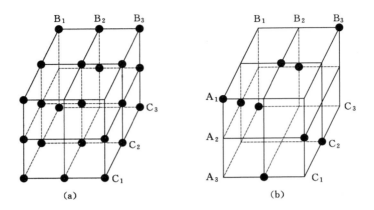

图 3-13　两种类型实验方案实验点分布图
(a) 全面实验方案；(b) 正交表安排实验方案

(二) 实验设计步骤

1. 实验目的和评价目标确定

实验目的是影响实验设计最重要的步骤之一，只有明确实验目的，后续实验才有方向性。本节实验目的是顶板离层关键影响因素，评价目标是离层变形值。

2. 确定因素和水平

实验若对所有因素进行分析，既不合理也无此必要，这就需要正交实验之前结合其他方法大体确定出实验重要因素。对实验目标离层变形值而言，分别从支护参数、煤矸性质和巷道结构布置三大类中各自挑选出主要影响因素，如表 3-2～表 3-4 所列。

表 3-2　　　　　　　　　　　支护参数类主要因素及水平

因　素	水　平				
	1	2	3	4	5
锚杆长度(X_1)/m	1.2	1.6	2.0	2.4	2.8
锚杆间距(X_2)/m	0.6	0.8	1.0	1.2	1.4
锚杆预紧力值(X_3)/kN	20	50	70	90	110
锚索长度(X_4)/m	4	6	8	10	12
锚索间距(X_5)/m	0	1.2	1.8	2.4	3.0
锚索预紧力值(X_6)/kN	80	120	160	200	240

表 3-3   煤矸性质参数类主要因素及水平

因　　素	水　平			
	1	2	3	4
夹层位置（Y_1）	锚杆锚固区内	锚杆锚固点上邻近处	锚杆与锚索锚固点之间	锚索锚固点之上
夹层厚度（Y_2）/m	0.1	0.3	0.5	0.7
夹层密度（Y_3）	极大	大	中	小
煤层强度（Y_4）	强	中	弱	极弱
煤层节理度（Y_5）	极大	大	中	小

表 3-4   巷道结构布置参数类主要因素及水平

因　　素	水　平		
	1	2	3
巷道宽度（Z_1）/m	3	5	7
巷道埋深（Z_2）/m	200	600	1 000
侧压比大小（Z_3）	1.2	2.4	3.2
顶板水或断层、褶皱等综合因素（Z_4）	大	中	小

3. 设计正交表、制定表头

结合实验因素和水平数目,设计正交表,基本原则是:

（1）先看水平数;

（2）正交表列数是否能容下所有因素;

（3）根据实验精度的要求;

（4）根据实验费用、人力确定实验次数;

（5）若原来考察的因素、水平和交互作用无合适的正交表可选,可适当修改原定水平数。

本节中,支护参数类为 6 因素 5 水平,选择 $L_{25}(5^6)$ 正交表;煤矸性质参数类为 5 因素 4 水平,选择 $L_{16}(4^5)$ 正交表;巷道结构布置参数类为 4 因素 3 平,选择 $L_9(3^4)$ 正交表,且各因素间无交互性。影响离层的三大类因素设计的正交表分别见表 3-5～表 3-7。

特厚煤层沿底巷道顶煤变形机理与控制技术

表 3-5 支护参数类模拟方案与结果

因素 列号 实验号	A 锚杆长度 /m 1	B 锚杆间距 /m 2	C 锚杆预紧力 /kN 3	D 锚索长度 /m 4	E 锚索间距 /m 5	F 锚索预紧力 /kN 6	离层值 /mm
1	1(1.2)	1(0.6)	1(20)	1(4)	1(0)	1(80)	168.95
2	1	2(0.8)	2(50)	2(6)	2(1.2)	2(120)	137.68
3	1	3(1.0)	3(70)	3(8)	3(1.8)	3(160)	168.30
4	1	4(1.2)	4(90)	4(10)	4(2.4)	4(200)	242.60
5	1	5(1.4)	5(110)	5(12)	5(3.0)	5(240)	176.37
6	2(1.6)	1	2	3	4	5	113.15
7	2	2	3	4	5	1	153.96
8	2	3	4	5	1	2	115.37
9	2	4	5	1	2	3	135.35
10	2	5	1	2	3	4	145.05
11	3(2.0)	1	3	5	2	4	143.89
12	3	2	4	1	3	5	150.56
13	3	3	5	2	4	1	131.80
14	3	4	1	3	5	2	160.32
15	3	5	2	4	1	3	100.64
16	4(2.4)	1	4	2	5	3	86.29
17	4	2	5	3	1	4	96.08
18	4	3	1	4	2	5	124.62
19	4	4	2	5	3	1	135.49
20	4	5	3	1	4	2	146.73
21	5(2.8)	1	5	4	3	2	120.68
22	5	2	1	5	4	3	124.29
23	5	3	2	1	5	4	121.49
24	5	4	3	2	1	5	124.49
25	5	5	4	3	2	1	88.26
K_1	893.90	632.96	723.23	723.08	605.53	678.46	—
K_2	662.88	662.57	608.45	625.31	629.80	680.78	—
K_3	687.21	661.58	737.37	626.11	720.08	614.87	—

续表 3-5

因素 列号 实验号	A 锚杆长度 /m 1	B 锚杆间距 /m 2	C 锚杆预紧力 /kN 3	D 锚索长度 /m 4	E 锚索间距 /m 5	F 锚索预紧力 /kN 6	离层值 /mm
K_4	589.21	798.25	683.08	742.50	758.57	749.11	—
K_5	579.21	657.05	660.28	695.41	698.43	689.19	—
k_1	0.262	0.185	0.212	0.212	0.177	0.200	—
k_2	0.194	0.194	0.178	0.183	0.185	0.200	—
k_3	0.201	0.194	0.216	0.183	0.211	0.180	—
k_4	0.173	0.234	0.200	0.218	0.222	0.220	—
k_5	0.170	0.193	0.194	0.204	0.205	0.202	—
极差	0.092	0.049	0.038	0.035	0.045	0.040	—
因素主次	A→B→E→F→C→D						

表 3-6　　　　　　　　　　煤矸性质类模拟方案与结果

因素 列号 实验号	A 夹层位置 1	B 夹层厚度 /m 2	C 夹层密度 3	D 煤层强度 4	E 煤层节理度 5	离层值 /mm
1	1(锚索锚固区外 3 m 处)	1(0.1)	1(极大)	1(强)	1(极大)	48.38
2	1	2(0.3)	2(大)	2(中)	2(大)	60.76
3	1	3(0.5)	3(中)	3(弱)	3(中)	102.12
4	1	4(0.7)	4(小)	4(极弱)	4(小)	108.78
5	2(锚索锚固点垂直以下 2.5 m 内)	1	2	3	4	50.92
6	2	2	1	4	3	213.48
7	2	3	4	1	2	27.92
8	2	4	3	2	1	114.96
9	3(锚杆锚固点垂直以上 2.5 m 内)	1	3	4	2	306.47

续表 3-6

因素 列号 实验号	A 夹层位置 1	B 夹层厚度 /m 2	C 夹层密度 3	D 煤层强度 4	E 煤层节理度 5	离层值 /mm
10	3	2	4	3	1	165.54
11	3	3	1	2	4	46.96
12	3	4	2	1	3	20.41
13	4(锚杆锚固区域内)	1	4	2	3	59.46
14	4	2	3	1	4	28.64
15	4	3	2	4	1	339.75
16	4	4	1	3	2	230.63
K_1	658.48	465.23	539.45	125.35	668.63	—
K_2	539.38	468.42	471.84	282.14	625.78	—
K_3	407.28	516.75	552.19	549.21	395.47	—
K_4	320.04	474.78	361.70	968.48	235.30	—
k_1	0.342	0.242	0.280	0.065	0.347	—
k_2	0.280	0.243	0.245	0.147	0.325	—
k_3	0.212	0.268	0.287	0.285	0.205	—
k_4	0.166	0.247	0.188	0.503	0.122	—
极差	0.176	0.026	0.099	0.438	0.225	—
因素主次	D→E→A→C→B					

表 3-7　　　　　　　　巷道结构布置参数类模拟方案与结果

因素 列号 实验号	A 巷道宽度 /m 1	B 巷道埋深/m 2	C 侧压比 大小 3	D 顶板水或断层、 褶皱等综合因素 4	离层值 /mm
1	1(3)	1(200)	1(1.2)	1(大)	399.40
2	1	2(600)	2(2.4)	2(中)	517.42
3	1	3(1000)	3(3.2)	3(小)	879.65
4	2(5)	1	2	3	122.37

续表 3-7

实验号 \ 因素 \ 列号	A 巷道宽度 /m	B 巷道埋深/m	C 侧压比 大小	D 顶板水或断层、褶皱等综合因素	离层值 /mm
	1	2	3	4	
5	2	2	3	1	979.00
6	2	3	1	2	844.59
7	3(7)	1	3	2	284.50
8	3	2	1	3	641.99
9	3	3	2	1	1 771.00
K_1	1 580.48	870.04	1 951.08	3 791.23	—
K_2	1 961.57	2 291.6	2 820.32	1 578.01	—
K_3	3 209.25	3 589.66	1 979.9	1 382.06	—
k_1	0.234	0.129	0.289	0.562	—
k_2	0.290	0.339	0.418	0.234	—
k_3	0.475	0.532	0.293	0.204	—
极差	0.241	0.403	0.129	0.358	—
因素主次	B→D→A→C				

4. 确定实验方案得出结果

根据正交实验确定的每一个方案逐一进行实验,在本节中,结合确定的具体方案,采用离散型 UDEC 软件分别建立模型,并进行数值模拟,得出各单一方案的离层变形结果。

5. 分析实验结果

对正交实验结果分析有直观分析和方差分析两种方法,可得出各因素主次顺序。本节在采用直观分析法的基础上,利用 SPASS 统计分析软件对模拟得出的离层值进一步分析,最终确定出顶板离层的关键影响因素。

三、优选参数数值模拟分析

（一）UDEC 离层数值模型的建立

利用 UDEC 4.0 创建 50 个模型,模型长×高＝55 m×48 m,本构模型采用 M-C 塑性模型,节理材料模型采用节理面接触-库仑滑移模型。巷道埋深设置为 500 m,结合平朔集团井工二矿典型特厚煤沿底巷道顶板煤岩参数的测试结果,对模型煤岩层进行赋值,以支护参数类模拟方案为例,建立的初始模型如图 3-14 所示。其中夹层设置 3 层,厚度分别为 0.7 m、0.6 m 和 0.7 m,位于模型 Y 轴向 20 m、23.7 m 和 27.3 m 处;Y 轴向根据参数方案中锚杆 2.4 m,锚索 7.5 m 比较,分别位于锚杆锚固区域内、锚杆和锚索锚固点间和锚索锚固点之上,其中煤层厚度(含夹层)为 17 m,利用 jset 和 crack 命令划分各单层节理,煤岩参数值如表 3-8 所列。

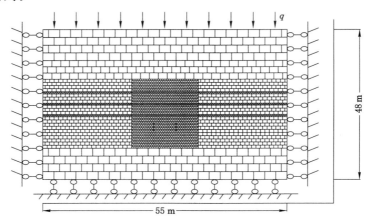

图 3-14 计算机力学模型初始结构图

表 3-8   模型物理力学参数

岩层种类	密度 /(kg/m³)	剪切模量 /Pa	体积模量 /Pa	黏聚力 /Pa	内摩擦角 /(°)	抗拉强度 /Pa
中砂岩	2 600	3.6E+9	4.8E+9	3E+6	32	5E+6
细砂岩	2 200	7.8E+8	8.5E+8	1.2E+6	35	9E+5
煤	1 300	1.6E+8	2.4E+8	5E+5	38	4E+5
泥岩	2 000	2.2E+8	3E+8	3E+5	35	1E+5
粉砂岩	2 100	3.2E+8	4E+8	7E+5	34	5.5E+5

当模型运行至平衡后开挖巷道,巷道宽×高=5.0 m×3.5 m,巷道煤顶(含夹层)为 13.5 m,分别对表 3-5 中锚杆长度、锚杆间距、锚杆预紧力等参数进行模拟。对于各方案模拟过程,在不影响目标因素情况下,为尽量保持与现场巷道支护原则的一致性,避免出现锚杆单点支护以及无支护下煤帮对顶板变形的影响,特别增加了顶板和两帮梯子梁及煤帮锚杆支护。结合井工二矿特厚煤层沿底巷道煤帮支护方案,在巷道左右两帮各施加 3 根锚杆,长度均为 1.7 m,预紧力为 50 kN,具体各支护方案如图 3-15 所示。

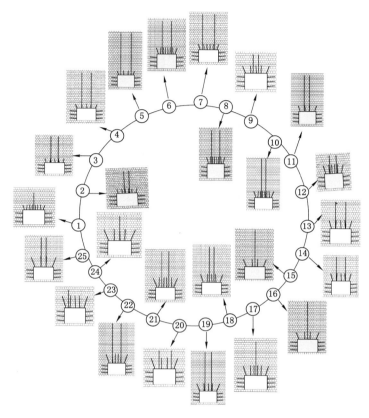

图 3-15　支护参数模拟中具体模型方案

　　对于煤矸性质类模拟方案,主要考虑特厚煤层巷道顶板中夹层位置、夹层厚度、夹层密度、煤层强度、煤层节理度共计 5 个因素,其中对夹层位置主要确定了锚杆锚固区内、锚杆锚固点上 2.5 m 处区域、锚索锚固点下 2.5 m 处区域以及锚索锚固点上 3 m 处区域,巷道埋深为 300 m,选择锚杆和锚索支护参数为:顶锚杆长为 2.4 m、预紧力为 110 kN、间距为 0.8 m,煤帮锚杆长为 1.7 m、预紧力为 50 kN、间距为 1 m,锚索长为 8 m、预紧力为 160 kN、间距为 0。模拟方案 1 如图 3-16 所示。

　　对于巷道结构布置参数类模拟方案,主要考虑 4 大因素:巷道宽度、巷道埋深、侧压力比大小和顶板水或断层、褶皱等综合因素。由于本套模拟方案中涉及宽度变化,若增加支护方案,则随巷道宽度变化,支护方案也会发生较大变化,会影响顶板离层关键因素分析结果。因此,选择开挖后无支护运行记录判定,以模拟方案 1 开挖后结构图为例,如图 3-17 所示。

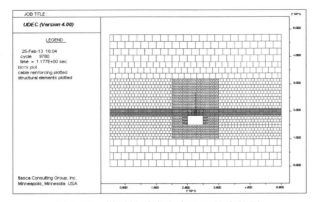

图 3-16　煤矸性质类方案 1 开挖支护图

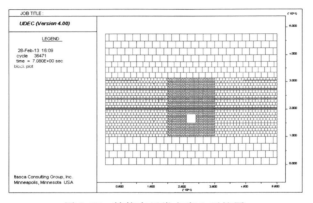

图 3-17　结构布置类方案 1 开挖图

（二）模拟监测点设立和运算

前面章节已对特厚煤层巷道顶板离层变形的原理进行分析，离层不仅发生在物理力学性质具有较大差异的岩层和岩（煤）层之间，在厚煤层内部节理处也易出现离层域，在扰动应力作用下煤层内部出现离层。在此基础上，需进一步探讨影响特厚煤层巷道离层变形的锚杆（索）关键支护参数，因此，在分析离层时记录浅部和深部基点值，并利用绝对差值作为离层总值进行比较。模型中特厚煤层巷道开挖支护后，设置巷道顶板中点垂直以上 0.6 m（A）和 13 m（B）处两监测点，待模型运行至 500 时步时，记录离层变形值，并将两者之差作为终值记录在表 3-5 中。以方案 1 为例，顶板变形图、应力图如图 3-18 所示。煤矸性质类因素运行 1 000 时步、结构布置参数类运行 500 时步后对应的模拟方案 1 变形和应力图如图 3-19 和图 3-20 所示。

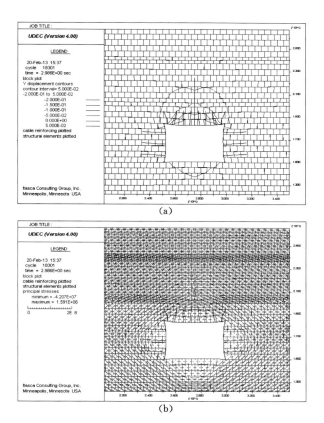

(a)

(b)

图 3-18　支护参数类方案 1 变形和主应力图

（a）变形图；（b）主应力图

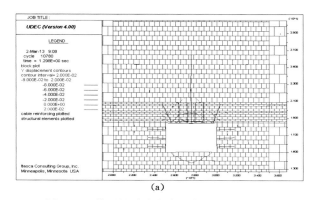

(a)

图 3-19　煤矸性质类方案 1 变形和主应力图

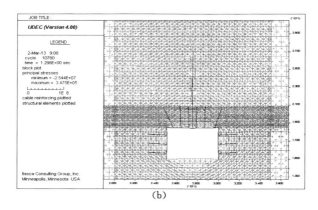

(b)

图 3-19　煤矸性质类方案 1 变形和主应力图（续）

（a）变形图；（b）主应力图

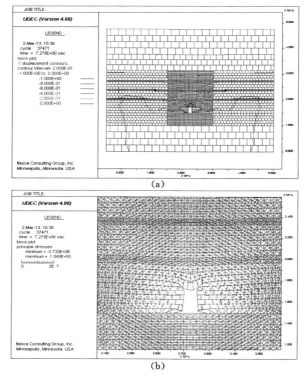

图 3-20　结构布置参数类方案 1 变形和主应力图

（a）变形图；（b）主应力图

（三）计算结果分析

通过对特厚煤层巷道中支护参数类、煤矸性质类以及结构布置参数类共计50个不同方案进行模拟，并对运算结果进行分析整理，影响特厚煤层巷道离层变形的关键因素主次顺序结果如表3-5～表3-7所列，以下就模拟结果进行详细分析。

（1）对于支护参数类因素而言，由于锚杆（索）联合支护系统涉及因素多，以锚杆为例，有长度、间距、排距、角度、锚固长度、支护材质、直径等考虑因素，对锚索也类似；同时还涉及支护辅助材料如支护网、钢带、梯子梁等，这仅单纯从理论角度考虑，看似纷繁复杂，而从现场实际的特厚煤层巷道支护设计出发，结合大量现场调研，挑选出对顶板控制起重要作用的六大因素，分别为锚杆（索）长度、预紧力和间距因素，模拟结果得出锚杆长度、锚杆间距和锚索间距对特厚煤层巷道顶板离层变形影响显著，影响最不显著的因素为锚索长度。巷道支护过程中，锚杆长度从纵向控制顶板煤体稳定性，而锚杆间距大小决定了顶板表面及锚固整体横向结构稳定性，锚索间距决定了锚索锚固点和深浅部煤层集中锚固区域大小，该模拟结果对特厚煤层沿底巷道顶板安全高效支护起重要作用。因此，对于支护参数类因素而言，首先应该确定合理的锚杆长度和间距，在此基础上，再分别确定锚索间距、锚索（杆）预紧力和锚索长度以及其他参数值。

（2）对于煤矸性质类因素而言，选择夹层位置、夹层厚度、夹层密度、煤层强度、煤层节理度5个因素进行分析，计算分析结果显示煤层节理度、煤层强度和夹层位置因素对特厚煤层巷道顶板离层变形影响显著。由于顶板主要由厚煤层构成，煤层性质对离层变形至关重要，煤层强度越大、煤层节理度越低，同一支护方案下顶板离层变形程度也相对越小。同时，煤层中的节理化离层对特厚煤层巷道顶板安全性而言尤为关键；其次，夹层位置在夹层类影响因素中最为关键，参照锚杆（索）锚固点位置，将夹层分别设置于锚索锚固点之上（1处）、锚杆和锚索锚固区之间（2处）和锚杆锚固区内（1处）。从模拟结果来看，夹层位于锚索锚固点之上离层位移较大，其次是锚杆（索）锚固点间，最后是锚杆锚固区内。总之，在考虑煤矸性质类因素对厚煤顶离层变形影响时，首先需要确定煤层强度，其次是分析煤层节理发育情况，然后是夹层分布位置及其他因素，其中煤层强度是影响离层变形最关键的因素。

（3）对于巷道结构布置参数类因素而言，选择巷道宽度、埋深、侧压比大小及顶板水或断层、褶皱等综合因素进行分析。模拟结果显示巷道埋深是影响特厚煤层巷道顶板离层变形最关键的因素，其次是顶板水或断层、褶皱等综合因素和巷道宽度，埋深在一定程度上决定了巷道围岩地应力大小，选择支护方案时需将巷道埋深因素作为关键因素进行考虑，顶板水或断层、褶皱等综合因素弱化了特厚煤顶强度或造成局部高构造应力,从而增加了顶板离层变形量;另外,巷道宽度较大时,顶板离层变形显著,当巷道埋深小,顶板水或断层、褶皱等综合因素影响较弱的情况下,设计支护方案时需将巷道宽度放在首要位置进行考虑。

第四节　本 章 小 结

(1) 结合前人研究成果以及现场对特厚煤层巷道顶板变形长时间实地观测及分析结果,提出了特厚煤层沿底巷道顶板离层定义,主要包括煤层与软弱夹矸层间分离和煤体内部沿层面方向非连续结构体的增多、法向分离径长的扩大两个方面。

(2) 顶板离层的分类主要从锚固位置和顶板离层量大小与顶板失稳关系角度进行确定。前者适用于现场应用研究,后者侧重于离层的理论分析,并研究了离层与节理、裂隙之间的关系。

(3) 对特厚煤层锚杆(索)支护下离层变形机理开展深入研究,得出:

① 在特厚煤层巷道顶板锚杆(索)支护离层变形机理方面,分别从一阶锚杆支护、二阶锚索支护及三阶锚杆(索)联合支护进行详细分析,主要有:拉应力导致的层间弯曲,岩层挠度不一致出现离层;高水平侧向应力引发剪应力在煤(岩)层中产生节理裂隙扩散离层;锚固区域小、锚固强度低或支护能效不足及锚索间距大、预应力影响范围小等易导致锚杆(索)锚固点间产生离层。

② 利用正交实验方法和 UDEC 离散型软件将影响特厚煤层巷道顶板离层的 15 个重要因素,从支护参数类(锚杆/索长度、锚杆/索间距、锚杆/索预紧力)、煤矸性质类(夹层位置、夹层厚度、夹层密度、煤层强度、煤层节理度)、巷道结构布置类(巷道宽度、巷道埋深、侧压比大小及顶板水或断层、褶皱等综合因素)三方面计算模拟分析,得出离层变形 6 个关键影响因素为锚杆长度、锚杆间距、煤层节理度、煤层强度、巷道埋深以及顶板水或断层、褶皱等综合因素。

第四章 特厚煤层巷道顶板控制技术研究

第一节 特厚煤层巷道顶板控制安全现状

一、顶板安全性评价原则

在我国平朔、大同、神东等特厚煤层富集矿区,特厚煤层沿底巷道较为普遍,并随着近年来我国原煤产量的不断创新高,此类矿区煤矿年均新掘巷道超万米,新掘巷道和受采动影响的原掘进巷道支护安全状况也成为亟须研究问题之一,而最关键的尤以直接影响井下作业人员生命安全的巷道顶板变形和支护状况为重。

评价顶板安全性主要从两个方面进行考虑:一是支护系统稳定性,针对目标巷道地质生产条件,结合特厚煤层顶板变形特征,提出对应的支护理念,并设计稳定性强的支护系统;二是顶板煤岩体结构稳定性,巷道开挖后,顶板浅部煤岩应力状态发生改变,由三向应力转变为双向应力,若不采取支护措施,煤岩体间黏聚力小于煤岩体重力,根据煤岩体性质强弱,或自稳一段时间发生垮冒或即时冒漏,并破坏顶板煤岩体稳定结构。而在支护作用下,则出现两种结果,支护系统能够减弱煤岩体在开挖或应力作用影响下损伤,使结构体保持稳定;反之顶板煤岩结构体发生破坏,导致顶板出现较大变形,也诱发支护系统损坏。因此,从顶板煤岩结构体稳定性角度而言,不仅指支护系统与顶板结构体相互作用,还包括顶板出现变形后支护系统的后续主动加固措施。

如表 4-1 所列,A_1B_1 表示强稳定性,A_2B_2 表示中稳定性,A_3B_3 表示弱稳定性。当支护系统和顶板煤岩结构都呈强稳定性(A_1B_1)时,顶板处于特别安全状态;当两者中任一或两者均呈中稳定性(A_2B_1、A_1B_2、A_2B_2)时,顶板稳定性处于安全状态;当两者中任一出现弱稳定性(A_3B_1、A_3B_2、A_1B_3、A_2B_3)时,顶板稳定性处于较安全状态;当两者均为弱稳定性(A_3B_3)时,顶板稳定性处于危险状态。处于较安全状态和危险状态的顶板需采取主动加固措施,保障顶板支护稳定。

表 4-1   巷道顶板支护安全性程度

判定指标		支护系统稳定性		
		A_1	A_2	A_3
顶板煤岩结构稳定性	B_1	A_1B_1	A_2B_1	A_3B_1
	B_2	A_1B_2	A_2B_2	A_3B_2
	B_3	A_1B_3	A_2B_3	A_3B_3

二、锚杆(索)支护下顶板变形特征及补强措施

通过对我国典型厚煤层矿区回采巷道调研发现,特厚煤层沿底巷道顶板支护特征主要表现为:顶板变形破坏率大,而其中掘进过程中变形较小,回采过程中影响较大;支护过程中顶板出现局部漏冒或较大变形时,通常采用补加锚杆(索)、单体支柱等措施控制;垮冒事故具有突发性强、破坏范围大等特点,如图 4-1 所示,为高支承应力作用下某巷道厚煤顶呈碎裂垮漏或大煤块整体冒落。另外,采掘影响巷道厚煤层顶板有较大变形时,煤矿现场人员采用多种手段,未能从引发顶板变形的症结出发采取合理的控制措施,延误补强支护最佳时期,造成支护混乱,也增加了企业的经济负担。如图 4-2 所示,某煤矿巷道厚煤层顶板出现不安全变形时,现场人员采用了多达五种类型的控制措施:① 单体锚索;② 单体锚杆;③ 钢带串接锚索支护;④ 木支护;⑤ 铰接顶梁与单体支柱配合支护,但现场顶板控制效果并不明显。

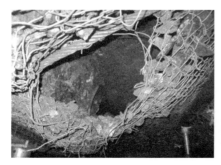 

图 4-1   采动影响下厚煤顶出现漏、冒现象

当巷道厚煤层顶板承受压力较大时,除了采用上述强化加固措施控制顶板下沉外,为防止顶板突然垮冒,现场还采用叠加木支护或单体支柱、铰接顶梁配合木支护方法,分别如图 4-3 所示。因木支护与顶板呈线性接触,当顶板煤岩离

图 4-2　某巷道厚煤顶变形后采取的支护措施

图 4-3　木支护控制措施

层或整体下沉时,叠加木支护或单体支护整体下沉,然而木支护属于被动支护,当厚煤层顶板下沉并将承受的应力传递至圆木支护体时,顶板煤岩内部趋于或已出现结构性破坏,该种支护方式由于施工烦琐、加固范围小、被动控制以及影响巷道作业空间,只能延缓顶板变形,不能从根本上控制顶板继续变形。因此,既不能将其列入巷道掘进过程中维护厚煤层顶板安全的主要支护手段,也不能作为顶板变形较大时控制顶板的主要加固措施,但可将其作为控制处于危险区域顶板下沉的方式之一,现场也常将其作为煤顶垮冒后顶板主要加固措施之一,如图 4-4 所示。

　　以井工二矿 29209 运输巷为例,随邻近工作面回采影响,顶板主要表现为:下沉量大(0.5~0.8 m),中部区域出现大裂缝,多处出现网兜,部分锚杆失效,现场通过补加锚杆(索)、处理网兜重新加网等措施,仍难使顶板安全性得到有效保障。

图 4-4　顶板垮冒区域木支护控制

第二节　特厚煤层沿底巷道顶板控制系统

一、"多支护结构体"系统的概念和组成结构

通过对现场大量特厚煤层巷道的顶板监测和理论研究发现,离层主要发生在顶板以上 2 倍巷道高度范围内,从锚杆(索)控制角度出发,即为顶板表面至锚索锚固点之间区域,顶板离层空间的延展扩大范围和程度除了与围岩地质生产条件有关外,同锚杆(索)支护状况也密切相关。顶板煤岩层沉积分布决定了离层的产生位置,而人为支护系统状况和地应力/采动应力等因素决定了离层的变化发展程度和方向。

本章提出控制顶板危险离层变形发展的"多支护结构体"系统,主要由锚杆支护系统形成 1 级基本结构体、单体锚索和桁架锚索支护系统或短锚索为 2 级强化结构体,可形成三种结构,即:全煤顶帮协同控制结构、浅顶板锚固体厚板结构和深顶板索块体承载结构,如图 4-5 所示,能起到大幅降低特厚煤层沿底巷道顶板离层变形和强化帮、顶协调控制的作用。

二、全煤顶帮协同控制结构机理分析

全煤顶帮协同控制结构又可细分为 3 个子结构,即浅顶煤刚性梁结构、两煤帮刚性体结构以及顶帮角部强化结构,如图 4-6 所示。通过高预应力锚杆系统在开挖巷道的顶帮形成 1 层加固层,增强顶板浅部、顶帮角部及两帮浅部煤层支护稳定性,理论计算中主要通过分析高预应力作用下软弱厚煤层顶帮中锚杆的最小支护力,进而切实保障顶帮支护安全。

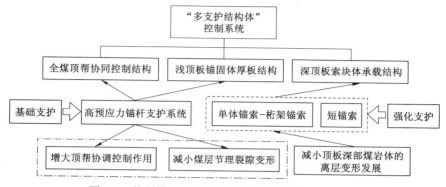

图 4-5 特厚煤层巷道顶板"多支护结构体"控制系统

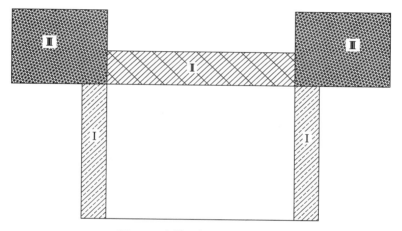

图 4-6 全煤顶帮协同控制结构

（一）厚煤层顶板锚杆安全支护力

随巷道开挖及锚杆支护工序开展,顶板煤岩出现卸压松动区,非连续结构体（如节理、裂隙）数量多,煤中夹矸,整体强度较低,并伴随煤体卸压松动,局部煤体离层破碎;锚杆支护并施加高预紧力后,使顶板浅部围岩由双向应力转为近似三向受力状态,减小顶板煤体局部劣化变形,增强支护结构整体稳定性,控制顶板离层和变形。

软弱厚煤顶巷道开挖后,两帮浅部煤体受拉应力作用明显,巷道实际有效宽度较开挖断面大,顶板卸压松动区以抛物拱形表示,而抛物拱的两拱角对称设置在顶帮交界线上,并处于煤帮内一定距离处。建立顶板锚杆支护力计算模型,取图 4-7 中开掘巷道沿走向方向任一断面进行分析,如图中 LL_0KK_0 面,建立模型如图 4-8 所示。

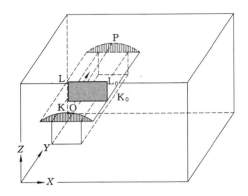

图 4-7　巷道厚煤顶卸压松动区模型

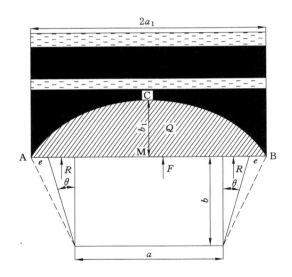

图 4-8　顶板锚杆支护力计算模型

锚杆支护力 F 需满足式(4-1)：

$$nF+2R \geqslant Q \tag{4-1}$$

式中　n——单排锚杆数量，根；

　　　R——两帮松散煤体对顶板支撑力，N；

　　　Q——巷道顶板卸压松动区煤体的重力，N。

如上所述，A、B 两点为抛物拱的两拱角，冒落最高处为点 C，综合秦巴列维奇理论和厚煤层回采巷道顶板生产地质条件因素，对于抛物拱而言，在单位走向长度下顶板松动区煤体重力可表示为：

$$Q = \frac{2}{3}\zeta(2a_1)b_1\gamma = \frac{4}{3}\zeta a_1 b_1 \gamma \tag{4-2}$$

式中　ζ——巷道走向方向顶板的抗拉影响系数值,主要与回采巷道位置和采动
　　　　　影响等因素相关;

　　　　b_1, a_1——分别为抛物拱的最大高度和 0.5 倍最大跨度,m;

　　　　γ——煤层容重,N/m^3。

结合图 4-8 中线段几何关系,可得:

$$\begin{cases} a_1 = a + e + b\tan\theta \\ \theta = 45° - \dfrac{\varphi}{2} \\ e = k + \eta \end{cases} \tag{4-3}$$

式中　φ——煤体内摩擦角,°;

　　　　k——巷道地质影响综合系数值,主要与断层、地下水、褶皱等因素相关;

　　　　η——软弱厚煤层巷道采动影响综合系数值,主要与采动过程支承应力大
　　　　　小有关。

k 和 η 取值可综合现场松动圈测试及相似模拟实验确定。

由秦巴列维奇理论,可得:

$$b_1 = \frac{10(a_1 - e)}{R_c} \tag{4-4}$$

式中　R_c——实验室煤块瞬时抗压强度,Pa。

联合式(4-2)~式(4-4),可以得到:

$$Q = \frac{40\zeta\gamma\left[(a+k+\eta)+b\tan\left(45° - \dfrac{\varphi}{2}\right)\right]^2}{3R_c} \cdot \left[1 - \frac{k+\eta}{(a+k+\eta)+b\tan\left(45° - \dfrac{\varphi}{2}\right)}\right] \tag{4-5}$$

由于厚煤层顶板煤层强度低,节理裂隙发育,且煤研交接,支护过程中一旦
出现顶板垮冒,在巷道走向和垂直顶板方向煤岩呈现"连锁冒落",垮冒破坏范围
大。结合现场顶板灾变情况,为切实保障顶板支护安全,需将支护值设定在相对
安全水平之上。取两帮有效跨度煤体松动范围处于完全破碎时,即 $R \to 0$ 时,相
对安全支护力 F 为最低值,则式(4-1)变形为:

$$F \geqslant \frac{1}{n} \cdot Q \tag{4-6}$$

将式(4-5)代入式(4-6)中,则最小安全支护力为:

$$F_{\min}=\frac{40\zeta\gamma\left[(a+k+\eta)+b\tan\left(45^\circ-\dfrac{\varphi}{2}\right)\right]^2}{3nR_c}\cdot\left[1-\frac{k+\eta}{(a+k+\eta)+b\tan\left(45^\circ-\dfrac{\varphi}{2}\right)}\right]$$

$$(4\text{-}7)$$

（二）厚煤层顶板预应分布特征

煤帮刚性梁结构是由巷道两侧煤帮锚杆施加预应力后形成承载体,现场特厚煤层巷道煤帮常见的破坏形式如图 4-9 所示。

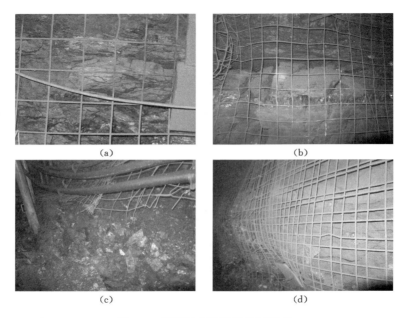

(a)　　　　　　　　　　　(b)

(c)　　　　　　　　　　　(d)

图 4-9　厚煤层巷道煤帮破坏形式
（a）煤帮碎裂;（b）煤帮碎块体;（c）垮帮;（d）鼓帮

帮承载体结构限制两帮变形发展,当不受工作面采动影响且无特殊构造异常带时,可将式(4-3)简化,得预应力控制范围为:

$$d_1=b\tan\left(45^\circ-\frac{\varphi}{2}\right)$$

$$(4\text{-}8)$$

另一方面,巷道掘出后打破了煤帮原有应力平衡,应力出现释放或进一步向深部转移,在此过程中相应浅部煤体原有稳定性减弱。帮锚杆支护过程中施加预紧力后,使得预应力加固层厚度与煤帮极限平衡范围保持相等,控制煤帮变形发展,相应地减小了巷道有效宽度,对顶板离层和变形也起到弱化效果,可得:

$$d_2 = \frac{MA}{2\tan \varphi_0} \ln \left[\frac{\dfrac{C_0}{\tan \varphi_0}}{\dfrac{C_0}{\tan \varphi_0} + \dfrac{P_x}{A}} \right] \tag{4-9}$$

式中　C_0，φ_0——分别为煤层与顶底板岩石交界面的黏聚力和内摩擦角；

　　　　A——侧压系数；

　　　　M——巷道高度；

　　　　P_x——支护阻力；

　　　　γ——上覆煤岩层的平均容重。

结合式(4-8)和式(4-9)可得：

$$d = \min\{d_1, d_2\} = \min \left\{ b\tan\left(45° - \frac{\varphi}{2}\right), \frac{MA}{2\tan \varphi_0} \ln \left[\frac{\dfrac{C_0}{\tan \varphi_0}}{\dfrac{C_0}{\tan \varphi_0} + \dfrac{P_x}{A}} \right] \right\} \tag{4-10}$$

顶帮角部强化控制结构是由顶帮角锚杆及其叠合区域煤岩体组成，如图 4-6 中阴影Ⅲ部分。大量数值模拟和理论研究发现，顶帮交界区域煤岩体承受较大的剪应力，尤其当煤体强度较软、受剧烈采动影响或高构造应力作用下，顶帮角处煤岩易出现较大剪切裂缝，并导致突发性顶板垮冒事故。

如图 4-10 所示，厚煤顶巷道顶帮角处锚杆破坏形式主要有两种：松脱和滑落。松脱是由于角锚杆支护过程中，托盘与顶板煤体呈非线性接触，施加预紧力后在托盘处产生强应力集中，预应力传递范围小，服务期间顶帮角煤岩体在高剪应力作用下，锚杆托盘、钢带和煤岩体相互分离，导致顶帮角煤岩体变形加大，也减弱了顶板整体锚杆支护系统控顶效果。滑落是煤岩体与锚杆托盘初期接触良好，但由于锚杆预紧力较小，剪切应力作用下托盘从紧贴钢带处滑落，锚杆系统在螺母位置处剪断，如图 4-11 所示。因此，形成稳定的顶帮角部强化控制结构可从两个方面入手：一是锚杆系统与顶板煤岩体密贴程度；二是结合巷道围岩地质生产条件施加合理的锚杆预紧力。

从顶帮密贴性角度而言，开发了偏心式复合托盘，如图 4-12 所示，对锚杆施加高预应力后，塑料垫板有利于消除与围岩接触区域应力集中，并随围岩变形适应性让压；三棱锥体钢托盘中，塑料垫板密贴面与相邻面角度随锚杆与煤帮倾角确定，使得长斜面与锚杆相互垂直，此托盘接触面积更大，有利于高预应力传递于整个支护结构；环形塑料垫圈设置在钢托盘和锁具之间，起到抗滑减摩擦作用，降低了支护过程中的预应力损失，提高了角锚杆的支护性能。

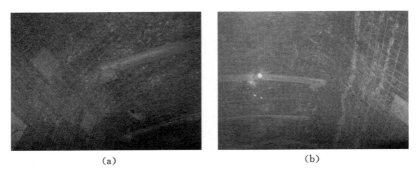

图 4-10　顶帮角锚杆破坏形式

（a）松脱；（b）滑落

图 4-11　角锚杆剪断破坏后掉落的托盘、螺母和垫圈

（a）托盘变形脱落；（b）剪断破坏的螺母和垫圈

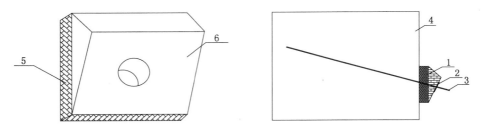

图 4-12　偏心式托盘结构及剖面示意图

1——偏心式托盘；2——环形塑料垫圈；3——锚杆；4——煤岩体；

5——高分子塑料垫板；6——三菱锥体钢托盘

三、浅顶板锚固体厚板结构机理分析

锚杆支护系统形成的预应力结构体开挖后在顶板浅部煤岩体内部出现离层、整体下沉或局部变形,树脂锚杆支护后形成的锚固体控制锚杆与锚索锚固点间离层变形发展。另一方面,当浅顶板锚固体结构不稳定时,锚杆支护过程中从锚固薄弱处出现剪切破坏或导致锚杆破断脱落,如图 4-13 所示。

图 4-13 锚固段锚杆受剪弯曲和破断脱落

固体力学中依据板的厚度和长度比值将板主要分为薄膜、薄板和厚板,其中薄膜和薄板主要为受拉应力破坏,而厚板则主要是受压应力和剪应力破坏,为便于分析,设预应力结构体与锚固结构体分界线为 MM_0,如图 4-14 所示,锚固体厚板结构形成后,不仅可以阻止锚杆(索)间煤岩离层扩容等变形,而且还能使结构内部应力分布均匀和内移,有效保障顶板稳定。锚固体厚度值主要通过两个方面确定:一是从锚杆控制角度,即结合了煤岩体、树脂黏结剂及锚杆三者在钻孔内的锚固程度;二是从巷道开挖后煤岩松动破坏影响范围出发,寻求煤岩离层变形的关键控制区域。

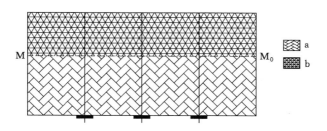

图 4-14 浅顶板预应力结构与锚固体厚板结构示意图

在锚杆控制角度方面,锚固后单孔锚杆锚固力可表示为:

$$F = \alpha \pi D^2 \sqrt{\frac{E}{8K}} [\tau] \left(1 - e^{-\frac{1}{2D} \sqrt{\frac{8K}{E}}} \right) \tag{4-11}$$

式中 α——残余剪切应力影响系数；

      K——锚固剂刚度；

      l——锚固长度；

      D——锚杆直径；

      $[\tau]$——锚固剂的抗剪强度。

由于 $l \gg D$，式（4-11）可写为：

$$F = \alpha \pi D^2 \sqrt{\frac{E}{8K}} [\tau] \tag{4-12}$$

锚固段长度可近似表示为：

$$l = \frac{F}{2\pi [\tau] D} = \frac{\alpha D^2}{2} \sqrt{\frac{E}{8K[\tau]}} \tag{4-13}$$

在煤岩离层变形关键控制区域方面，研究发现，当巷道围岩范围由 R_0（R_0 为巷道半径）增加为 $2R_0$ 时，切向应力升高值占总应力升高值的 1/2，因此将该区域岩体作为锚杆关键控制对象。如图 4-15 所示，应力升高半径可表示为：

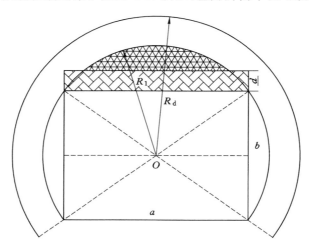

图 4-15   煤岩变形锚固结构体计算示意图

$$R_d = R_0 \left[\frac{\gamma H + C \cot \psi}{C \cot \psi} \frac{1 - \sin \psi}{1 + \sin \psi} \right]^{\frac{1 - \sin \psi}{2\psi}} \tag{4-14}$$

式中 C——煤岩黏聚力；

      γ——上覆岩层密度；

H——巷道埋深；

ψ——内摩擦角。

矩形巷道特征半径为：

$$R_1 = \frac{\sqrt{a^2 + b^2}}{2} \tag{4-15}$$

式中　a——巷道宽度；

b——巷道高度。

则锚固体厚度可表示为：

$$l_1 = R_1 - b - d = \frac{\sqrt{a^2 + b^2}}{2} - b - d$$

$$l_2 = R_d - b - d = \frac{\sqrt{a^2 + b^2}}{2}\left[\frac{\gamma H + C\cot\psi}{C\cot\psi}\frac{1 - \sin\psi}{1 + \sin\psi}\right]^{\frac{1 - \sin\psi}{2\psi}} - b - d \tag{4-16}$$

式中　d——预应力结构体厚度。

联立式(4-13)和式(4-16)，可得最小锚固体厚度为：

$$l = \min \left\{ \begin{array}{l} \dfrac{\alpha D^2}{2}\sqrt{\dfrac{E}{8K[\tau]}} \\[3mm] \dfrac{\sqrt{a^2 + b^2}}{2} - b - d \\[3mm] \dfrac{\sqrt{a^2 + b^2}}{2}\left[\dfrac{\gamma H + C\cot\psi}{C\cot\psi}\dfrac{1 - \sin\psi}{1 + \sin\psi}\right]^{\frac{1 - \sin\psi}{2\psi}} - b - d \end{array} \right. \tag{4-17}$$

四、深顶板索块体承载结构机理分析

对于特厚煤层巷道顶板而言,控制煤岩层间离层变形发展除了充分保证锚杆系统与浅部煤岩形成双结构外,锚索系统与煤层间形成深顶板索块承载结构也至关重要。顶板深部支护结构也称为次承载层,不仅可减弱岩层荷载对次承载层的破坏,也有利于保障主、次承载层之间离层的稳定性。

如图 4-16 所示,将巷道顶板分为锚杆预应力结构和锚固体结构的组合体,即 A 区;深顶板索块体承载结构,即 B 区;中深部离层变形区域,即 C 区。在锚杆预应力结构和锚固体结构组合体 A 区承载层之上可设置中深部索体承载组合结构或深顶板索块体承载结构,顶板中深部索体承载结构主要由高预紧力短锚索(4~6 m)系统组成,通过短锚索锚固体在 C 区中部形成强化带,阻止 C 区域处煤岩层的离层或变形;深顶板索块体承载结构主要由长锚索锚固体组成(一般为 7~10 m),在离层变形区域上部形成刚性承载结构,降低荷载对离层区域岩层影响,有效控制其间离层和变形发展。根据顶板煤岩体性质,又可将长锚索锚固体分为单体长锚索锚固结构和锚索桁架锚固结构两种控制方式,如图 4-17 所示,下面分别对 3 种控制方式的原理、优越性进行分析。

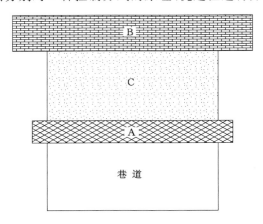

图 4-16　深顶板索块体承载结构示意图

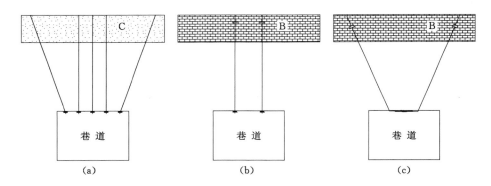

图 4-17　深顶板锚索支护形式

（a）短锚索锚固结构；（b）单体长锚索锚固结构；（c）锚索桁架锚固结构

（1）对于短锚索支护系统而言,如图 4-18 所示,由于短锚索施加预应力大、锚固体厚度大、索体抗剪切能力强及能伸入离层变形区域,不仅能形成控制离层发展的强加固带,减小煤岩层间错动、节理裂隙发展;且与锚杆系统相比,预应力在煤岩层中传递范围更广,增强顶板浅部煤岩整体性。锚杆预应力在煤层中 CD 区域范围内,而密集短锚索预应力在煤层中的范围可扩散至 AB 区域。通过在特厚煤层顶板浅部煤层中和中深部煤岩中形成双承载层,大幅降低顶板煤岩离层值,且有利于双承载层以上的深部煤岩保持三维受压稳定状态,有效控制顶板变形和离层发展,保障顶板支护安全。

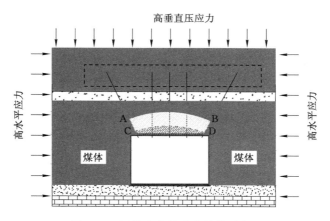

图 4-18　短锚索支护承载结构示意图

（2）对于单体长锚索支护系统而言，由于长锚索可完全穿过离层变形区域 C，锚固点位于深部三向受压状态稳定煤岩层中，有利于支护结构整体稳定。同时，因受力状态不一致，顶板深浅部煤岩层差别较大，巷道开挖后顶板煤岩从表面至径向一定深度处，出现松动区、塑性区、弹性区等，而顶板深部煤岩基本位于弹性区内。长锚索锚固结构一方面利用深部煤岩稳定性，将浅部锚杆支护系统形成的主承载区串接，保持顶板以上煤岩整体性，控制 C 区域离层发展，其中长锚索数量一般结合煤体性质和煤巷地质条件确定，取 2～3 根；当巷道基本无构造、围岩应力强度适中或煤层强度较大时，可取 2 根，其余取 3 根。另一方面，也需要长锚索具备较大的刚强度和施加高预紧力，刚强度大能在此大范围内（9～10 m）抵抗煤岩层剪切破坏，保持支护系统稳定，因此选择直径为 17.8 或 21.6 mm 的 19 丝钢绞线为宜。

高预紧力可增强顶板浅部煤岩受压，阻止浅部煤岩体开挖影响下受拉应力和剪应力破坏，通过深部索块体承载结构与浅部锚杆主承载层结构、浅部煤岩锚索预应力结构体共同对离层区域煤岩的增压控制，单体锚索在顶板内的应力场模拟结果如图 4-19 所示，形状呈单一环式结构，且各预应力带之间相互连接，增大该区域煤岩稳定性，大幅降低煤岩离层变形。但由于垂直单体锚索属于点支护，对于大断面厚煤层巷道顶板的中间区域而言，支护过程中易随顶板一起产生下沉，因此跨中部分不适宜采用单体锚索支护。

（3）对于锚索桁架支护系统而言，由于长锚索倾斜伸入深顶板煤岩层中，形成厚层锚固体，与稳定煤岩一起构成顶板索块体承载结构体，且两锚索锚固点位于顶帮深部稳定区域中，有利于保持整体支护系统的稳定性。

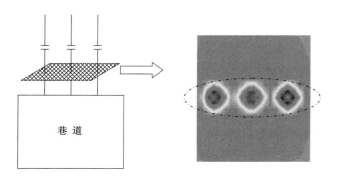

图 4-19　单体长锚索承载结构示意图

深顶板索块体的形成一方面平衡上覆荷载作用,减小顶板高应力对 C 区域煤岩层离层的影响;另一方面,与浅部锚杆系统形成的主承载结构、锚索预紧力对浅部煤岩作用形成的预应力承载结构共同作用,保持 C 区域煤岩层呈近似三维受压状态,控制离层变形发展。锚索桁架系统能有效控制特厚煤层巷道顶板煤岩层间离层,与单体锚索支护相比,其支护优越性明显,如表 4-2 所列,可将锚索桁架控制机制概括为:"双向施力、长软抗剪、线型承载、锚固点稳、变形闭锁"5 条准则,锚索桁架支护系统尤其对于巷道断面较大、厚煤层顶板巷道离层变形控制效果更为显著,如图 4-20 所示,可将其应用于综放回采巷道或工作面开切眼。

表 4-2　　　　　　　　　　两种支护方式比较

对比指标	单体锚索支护	单体锚索桁架支护
锚固点位置	顶板垂直上方深部受压岩体	顶帮角区域深部受压岩体
预紧力大小及方向	大,铅垂方向	大,水平和铅垂方向
与被锚固岩体接触方式	点接触	线接触、连续传递
结构特征	未形成结构	顶板等强闭锁结构,两帮无
控制顶板剪切范围及程度	无	大,强
锚固区围岩应力状态	不能改善顶板水平应力及两帮铅垂方向应力	改善顶板水平和铅垂方向应力
巷道围岩整体支护强度	较高	顶板支护强度高,两帮较弱,支护不协调
支护费用	低	高
施工难度	弱	强

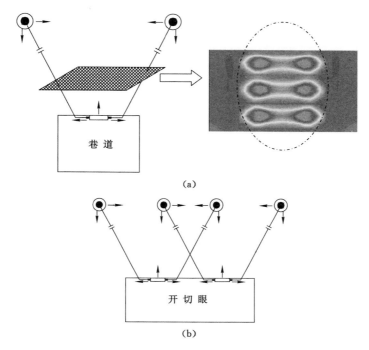

图 4-20 锚索桁架承载结构示意图

(a) 回采巷道;(b) 工作面开切眼

①"双向施力"是指顶锚索桁架系统能从水平和铅垂方向对锚固岩层同时施加主动预紧力,有利于开挖巷道从双向应力状态转变为多向受压稳定状态,形成厚度较大承载层,大幅增强顶板煤岩结构稳定性。

②"长软抗剪"是指利用锚索延伸率大、抗剪切能力强的特点,控制顶帮角部区域岩层高应力作用下的剪切破坏。顶板长锚索强化了顶板深部围岩抗剪切能力,构成梯次抗剪锚固体,保障巷道顶帮角区域围岩稳定。

③"线型承载"是指顶锚索桁架底部与巷道围岩呈线型结构,有利于高预应力对顶板中部区域煤岩层整体加固作用,减少顶板离层和两帮围岩位移,降低顶板煤岩层受拉应力破坏。

④"锚固点稳"是指顶桁架锚索锚固点位于巷道顶帮角深(浅)部稳定区域,高应力作用下不随顶帮岩层位移而移动,有效保障支护结构整体在围岩控制过程中的持续稳定。

⑤"变形闭锁"是指高应力作用下顶岩层变形过程中,锚索桁架系统逐步闭锁,增强浅部围岩受压值,防止巷道围岩出现较大变形。

在上述理论分析基础上,针对特厚煤层沿底巷道顶板,采用力学计算方法进一步分析锚索桁架系统作用机理,主要包括对顶板离层和变形控制作用、锚索桁架系统最小预紧力与倾斜锚索锚固力两者间关系及厚煤顶巷道开掘后空顶条件下顶板离层和变形。

(一) 锚索桁架系统对顶板离层和变形控制作用

厚煤顶巷道与其他困难条件煤矿的区别在于煤顶中含若干夹矸层,巷道开掘支护过程中在煤层和夹矸层间易发生离层以及变形碎裂,围绕锚索桁架系统是否对顶板岩层离层和变形量进行有效控制及对应值减小程度分析,如图 4-21 所示,设锚索桁架系统中锚索锚固点布置在第 $n+1$ 层,该层为稳定岩层,支护过程中下沉量为 0,在第 m 和 $m+1$ 层间及 n 和 $n+1$ 层间发生离层,且主要对距开挖巷道较近的离层(第 m 和 $m+1$ 层)进行分析。巷道跨度为 $2l$,孔口间距为 $2a$,系统中锚索倾角为 α。

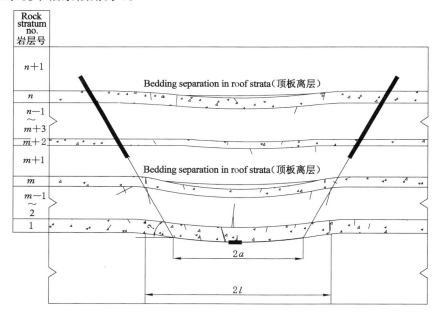

图 4-21　厚煤顶巷道锚索桁架系统支护示意图

结合巷道支护系统-顶板岩层协调作用关系,建立厚煤顶中锚索桁架系统力学模型,如图 4-22 所示。其中:锚索桁架系统排距为 c;单侧锚索锚固段锚固力为 F;顶板岩层对锚索倾斜部分的垂直载荷为 $k_1q_1 \sim k_1q_n$,k_1 为岩层对锚索桁架系统中锚索斜向部分垂直压力系数;水平载荷为 $\lambda k_1q_1 \sim \lambda k_1q_n$,$\lambda$ 为岩层侧压系数;岩层中斜向锚索所受摩擦力为 F_1;单侧锚索水平部分所受摩擦力为 F_2;各岩层厚度及支护系统在岩层中斜长分别为 $h_1 \sim h_n$、$l_1 \sim l_n$。

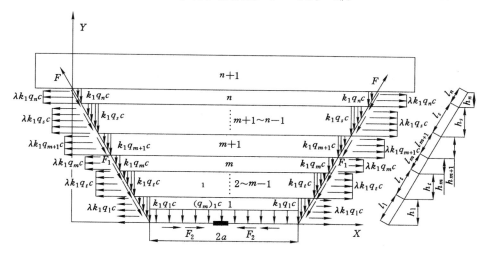

图 4-22　厚煤顶中锚索桁架系统力学模型

由 X 轴和 Y 轴方向力学平衡可得：

$$\begin{cases} F_1 = k_1 f_1 c \{ \cos^2 \alpha [q_1 l_1 + \cdots + q_m l_m + q_{m+1} l_{m+1} + \cdots + q_n l_n] + \\ \quad \lambda \sin \alpha [q_1 h_1 + \cdots + q_m h_m + q_{m+1} h_{m+1} + \cdots + q_n h_n] \} \\ 2(F - F_1) \sin \alpha = 2ac(q_m)_1 + 2k_1 c \cos \alpha (q_1 l_1 + \cdots + \\ \quad q_m l_m + q_{m+1} l_{m+1} + \cdots + q_n l_n) \end{cases} \tag{4-18}$$

式中　f_1——锚索斜向部分与顶板岩层之间摩擦系数。

则锚索桁架系统所需锚固力为：

$$F = F_1 + \frac{a(q_m)_1 c}{\sin \alpha} + k_1 c \cot \alpha (q_1 l_1 + \cdots + q_m l_m + q_{m+1} l_{m+1} + \cdots + q_n l_n) \tag{4-19}$$

由于锚索桁架系统中倾斜锚索贯穿顶板相关岩层，施加高预紧力后离层区下各岩层近似为组合梁整体。将各岩层组合形成的截面等效为单一材料的等效截面，并按照单一材料梁的方法进行分析。

根据平面假设，横截面上 y 处纵向线应变为：

$$\varepsilon = \frac{y}{\rho} \tag{4-20}$$

式中　y——纵向层距中性轴距离；

ρ——中性层的曲率半径。

假设各纵向截面处于单向受力状态，当组合梁内正应力不超过各岩层的比

例极限时,截面 1 至截面 g 的弯曲正应力分别为:

$$\sigma_1 = \frac{E_1 y}{\rho}, \sigma_2 = \frac{E_2 y}{\rho}, \cdots, \sigma_g = \frac{E_g y}{\rho} \qquad (4\text{-}21)$$

由于各层横截面上不存在轴力,仅有弯矩 M 的条件,则可得:

$$\int_{A_1} y\sigma_1 \,\mathrm{d}A_1 + \int_{A_2} y\sigma_2 \,\mathrm{d}A_2 + \cdots + \int_{A_g} y\sigma_g \,\mathrm{d}A_g = M \qquad (4\text{-}22)$$

将式(4-21)代入式(4-22),得:

$$\frac{E_1}{\rho}\int_{A_1} y^2 \,\mathrm{d}A_1 + \frac{E_2}{\rho}\int_{A_2} y^2 \,\mathrm{d}A_2 + \cdots + \frac{E_g}{\rho}\int_{A_g} y^2 \,\mathrm{d}A_g = M \qquad (4\text{-}23)$$

由此可得中性层曲率为:

$$\frac{1}{\rho} = \frac{M}{E_1 I_1 + E_2 I_2 + \cdots + E_g I_g} \qquad (4\text{-}24)$$

现将组合岩层的截面变换为第 1 层岩层材料的等效截面,因而实际弹性模量等效为第 1 层的弹性模量,即 $\bar{E} = E_1$,组合结构截面的弯曲刚度为 $E_1 \bar{I}$。此时组合梁的形心为:

$$\bar{y} = \frac{A_1 E_1 y_{c1} + A_2 E_2 y_{c2} + \cdots + A_g E_g y_{cg}}{A_1 E_1 + A_2 E_2 + \cdots + A_g E_g} \qquad (4\text{-}25)$$

式中　$y_{c1}, y_{c2}, \cdots, y_{cg}$——组合梁各层的形心位置。

令 t 为第 $1 \sim g$ 层中任何一层,此层惯性矩为:

$$I_t = \frac{1}{12} A_t h_t^{\,2} + A_t a_t^{\,2} \qquad (4\text{-}26)$$

式中　A_t——第 t 层的纵向截面面积;

　　　a_t——第 t 层截面形心到组合梁形心的距离。

此时所等效的惯性矩为:

$$\bar{I} = I_1 + \frac{E_2}{E_1} I_2 + \cdots + \frac{E_g}{E_1} I_g \qquad (4\text{-}27)$$

锚索桁架系统对巷道顶板的作用力包括预紧力和锚固力。其中,控制顶板下沉及离层变化主要由预紧力实现。在此,将锚索桁架系统对顶板的支护作用转化为其水平部分对巷道顶板的"上托作用",即锚索桁架系统对顶板支护作用可表示为:

$$Q_1 = \frac{2F_3 \sin \alpha}{2a} = \frac{F_3 \sin \alpha}{a} \qquad (4\text{-}28)$$

为了分析锚索桁架系统对顶板变形和离层控制的作用,将顶板未离层岩层和已发生离层岩层分别进行研究,此处主要对第 n 层以下(包括第 n 层)顶板岩层进行分析。

（1）锚索桁架支护范围内未分离岩层（第 $1\sim m$ 层）的力学模型如图 4-23 所示：

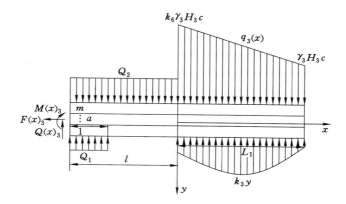

图 4-23 锚索桁架系统中一侧支护岩层力学模型

$$Q_2 = (q_1 + q_2 + \cdots + q_m)c \qquad (4\text{-}29)$$

则不同区间内岩层挠度微分方程为：

$$\begin{cases} E_1 \bar{I}_1 \dfrac{\mathrm{d}^4 y}{\mathrm{d}x^4} + Q_1 = Q_2 & (-l \leqslant x \leqslant a-l) \\[2mm] E_1 \bar{I}_1 \dfrac{\mathrm{d}^4 y}{\mathrm{d}x^4} = Q_2 & (a-l < x \leqslant 0) \\[2mm] E_1 \bar{I}_1 \dfrac{\mathrm{d}^4 y}{\mathrm{d}x^4} + k_3 y = q_3(x) & (0 < x \leqslant L_1) \end{cases} \qquad (4\text{-}30)$$

其中，$\bar{I}_1$ 为第 $m+1\sim n$ 层的转矩，$q_3(x) = \dfrac{(1-k_6)\gamma_3 H_3 c}{L_1} x + k_6 \gamma_3 H_3 c + Q_2$。

由式（4-30）可得：

$$\begin{cases} y_5(x) = \dfrac{Q_2 - Q_1}{24 E_1 \bar{I}_1} x^4 + \dfrac{A_5}{6} x^3 + \dfrac{B_5}{2} x^2 + C_5 x + D_5 & (-l \leqslant x \leqslant a-l) \\[2mm] y_6(x) = \dfrac{Q_2}{24 E_1 \bar{I}_1} x^4 + \dfrac{A_6}{6} x^3 + \dfrac{B_6}{2} x^2 + C_6 x + D_6 & (a-l < x \leqslant 0) \\[2mm] y_7(x) = \mathrm{e}^{-\beta_3 x}(C_7 \cos \beta_3 x + D_7 \sin \beta_3 x) + \dfrac{q_3(x)}{k_3} & (0 < x \leqslant L_1) \end{cases}$$

$$(4\text{-}31)$$

式中 β_3——特征系数，$\beta_3 = \sqrt[4]{\dfrac{k_3}{4 E_1 \bar{I}_1}}$。

由 $x=0$ 处边界条件与各段之间的连续性条件，可得：

$$\begin{cases} \theta_5(-l)=0 \\ Q_5(-l)=0 \\ y_5(0)=y_6(0) \\ \theta_5(0)=\theta_6(0) \\ M_5(0)=M_6(0) \\ Q_5(0)=Q_6(0) \\ y_6(0)=y_7(0) \\ \theta_6(0)=\theta_7(0) \\ M_6(0)=M_7(0) \\ Q_6(0)=Q_7(0) \end{cases} \tag{4-32}$$

联立式(4-30)~式(4-32)可解得 A_5、B_5、C_5、D_5、A_6、B_6、C_6、D_6、C_7、D_7。因而锚索桁架系统支护后第 $1\sim m$ 层最大下沉量为：

$$y_{m(2)}(x)_{\max}=y_{m(2)}(-l)=y_5(-l) \tag{4-33}$$

（2）锚索桁架支护范围内离层岩层（第 $m+1\sim n$ 岩层）力学模型如图 4-24 所示。

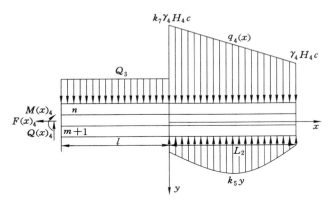

图 4-24　锚索桁架系统中一侧支护岩层力学模型

其中：

$$Q_3=q_{m+1}+q_{m+2}+\cdots+q_n \tag{4-34}$$

不同区间内岩层挠度微分方程为：

$$\begin{cases} E_{m+1} \bar{I_2} \dfrac{\mathrm{d}^4 y}{\mathrm{d}x^4} = Q_3 & (-l \leqslant x \leqslant 0) \\ E_{m+1} \bar{I_2} \dfrac{\mathrm{d}^4 y}{\mathrm{d}x^4} + k_5 y = Q_3 & (0 < x \leqslant L_2) \end{cases} \tag{4-35}$$

式中 $\bar{I_2}$——第 $m+1 \sim n$ 层的转矩。

当 $0 < x \leqslant L_2$ 时：

$$q_4(x) = \frac{(1-k_7)\gamma_4 H_4 c}{L_2} x + k_7 \gamma_4 H_4 c + Q_3 \tag{4-36}$$

在 $x = L_2$ 处，顶板的下沉量已趋于一定值，由弹性地基梁中半无限体原理综合得出：

$$\begin{cases} y_8(x) = \dfrac{Q_3}{24 E_{m+1} \bar{I_2}} x^4 + \dfrac{A_8}{6} x^3 + \dfrac{B_8}{2} x^2 + C_8 x + D_8 \\ y_9(x) = e^{-\beta_4 x}(C_9 \cos \beta_4 x + D_9 \sin \beta_4 x) + \dfrac{q_4(x)}{k_5} \end{cases} \tag{4-37}$$

式中 β_4——特征系数，$\beta_4 = \sqrt[4]{\dfrac{k_5}{4 E_{m+1} \bar{I_2}}}$。

由 $x = -l$ 处边界条件与各区间的连续性条件，可得：

$$\begin{cases} \theta_8(-l) = 0 \\ Q_8(-l) = 0 \\ y_8(0) = y_9(0) \\ \theta_8(0) = \theta_9(0) \\ M_8(0) = M_9(0) \\ Q_8(0) = Q_9(0) \end{cases} \tag{4-38}$$

综合式(4-35)~式(4-38)，可解得 A_8、B_8、C_8、D_8、C_9、D_9。

则锚索桁架系统范围内最大下沉量为：

$$y_{m+1(2)}(x)_{\max} = y_{m+1(2)}(-l) = y_8(-l) \tag{4-39}$$

联立式(4-33)和式(4-39)可得，锚索桁架系统支护后顶板最大离层值为：

$$\Delta_1 = y_5(-l) - y_8(-l) \tag{4-40}$$

（二）锚索桁架系统最小预紧力与倾斜锚索锚固力两者间关系

锚索桁架系统施加预紧力后能在顶板中形成一定刚度的预应力承载结构，大幅降低顶板岩层拉应力破坏现象。设最小预紧力为 F_3，由于锚索桁架系统两侧倾斜锚索相互对称，可取任一半进行受力分析，如图 4-25 所示。

锚索桁架系统一侧锚索水平部分摩擦力为：

$$F_2 = a(q_m)_1 f_2 c \tag{4-41}$$

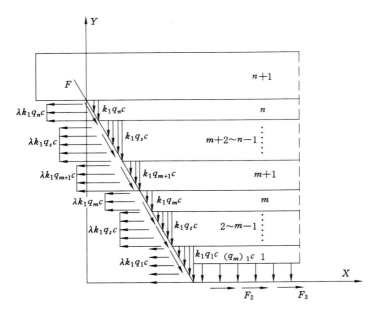

图 4-25 锚索桁架系统中一侧锚索支护力学模型

式中 f_2——锚索水平部分与岩层之间摩擦系数。

由水平方向的力学平衡,可得:

$$F_3 = (F - F_1)\cos\alpha - F_2 + \lambda k_1 c(q_1 h_1 + \cdots + q_m h_m + q_{m+1} h_{m+1} + \cdots + q_n h_n)$$

$$(4\text{-}42)$$

则锚索桁架系统最小预紧力与锚固力间关系式为:

$$F = \frac{F_2 + F_3 - \lambda k_1 c[q_1 h_1 + \cdots + q_m h_m + q_{m+1} h_{m+1} + \cdots + q_n h_n]}{\cos\alpha} + F_1 \quad (4\text{-}43)$$

(三)厚煤顶巷道开掘后空顶条件下顶板离层和变形

为了与巷道顶板采用锚索桁架系统进行比较,对开掘后顶板不采用任何支护情况进行分析,建立无支护时顶板第 1 层和第 $m+1$ 层力学模型,如图 4-26 所示。其中:γ_1、γ_2 分别为巷道顶板表面和第 m 层至地表岩层的平均容重;H_1、H_2 分别为地表到巷道顶板表面和 m 层的距离;k_2、k_4 为对第 1 和 $m+1$ 层的应力集中系数;k_3、k_5 分别为煤帮和第 m 层的弹性地基系数;s 为空顶距。

对第 1 层和 $m+1$ 层进行力学分析,其中 i 为顶板某一岩层,可得微分方程:

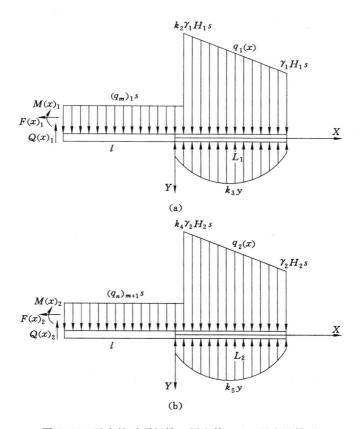

图 4-26 无支护时顶板第 1 层和第 $m+1$ 层力学模型

$$
\begin{cases}
E_1 I_1 \dfrac{\mathrm{d}^4 y}{\mathrm{d}x^4} = (q_m)_1 c & (i=1, -l \leqslant x \leqslant 0) \\[2mm]
E_1 I_1 \dfrac{\mathrm{d}^4 y}{\mathrm{d}x^4} + k_3 y = q_1(x) & (i=1, 0 < x \leqslant L_1) \\[2mm]
E_1 I_1 \dfrac{\mathrm{d}^4 y}{\mathrm{d}x^4} = (q_m)_1 c & (i=m+1, -l \leqslant x \leqslant 0) \\[2mm]
E_1 I_1 \dfrac{\mathrm{d}^4 y}{\mathrm{d}x^4} + k_3 y = q_1(x) & (i=m+1, 0 < x \leqslant L_1)
\end{cases}
\tag{4-44}
$$

由式(4-44)可得出顶板第 1 和 $m+1$ 层不同区间下沉量：

$$
\begin{cases}
y_1(x) = \dfrac{(q_m)_1 c}{24 E_1 I_1} x^4 + \dfrac{A_1}{6} x^3 + \dfrac{B_1}{2} x^2 + C_1 x + D_1 & (i=1, -l \leqslant x \leqslant 0) \\[3mm]
y_2(x) = e^{\beta_1 x}(A_2 \cos \beta_1 x + B_2 \sin \beta_1 x) + e^{-\beta_1 x}(C_2 \cos \beta_1 x + D_2 \sin \beta_1 x) + \dfrac{q_1(x)}{k_3} \\[3mm]
\hspace{7cm} (i=1, 0 < x \leqslant L_1) \\[3mm]
y_3(x) = \dfrac{(q_n)_{m+1} c}{24 E_{m+1} I_{m+1}} x^4 + \dfrac{A_3}{6} x^3 + \dfrac{B_3}{2} x^2 + C_3 x + D_3 & (i=m+1, -l \leqslant x \leqslant 0) \\[3mm]
y_4(x) = e^{\beta_2 x}(A_4 \cos \beta_1 x + B_4 \sin \beta_1 x) + e^{-\beta_2 x}(C_4 \cos \beta_2 x + D_4 \sin \beta_2 x) + \dfrac{q_2(x)}{k_5} \\[3mm]
\hspace{7cm} (i=m+1, 0 < x \leqslant L_1)
\end{cases}
$$

$$(4\text{-}45)$$

其中，β_1 和 β_2 为特征系数，$\beta_1 = \sqrt[4]{\dfrac{k_3}{4 E_1 I_1}}$，$\beta_2 = \sqrt[4]{\dfrac{k_4}{4 E_{m+1} I_{m+1}}}$。

由于在 $x = L_1$ 和 $x = L_2$ 处，第 1 层和第 $m+1$ 层所受载荷已趋于原岩应力，由弹性地基梁的半无限长原理可得：

$$
\begin{cases}
y_2(x) = e^{-\beta_1 x}(C_2 \cos \beta_1 x + D_2 \sin \beta_1 x) + \dfrac{q_1(x)}{k_3} & (x = L_1) \\[3mm]
y_4(x) = e^{-\beta_2 x}(C_4 \cos \beta_2 x + D_4 \sin \beta_2 x) + \dfrac{q_2(x)}{k_5} & (x = L_2)
\end{cases}
$$

$$(4\text{-}46)$$

由 $x = -l$ 处的边界条件与其他各区域之间的连续性条件，可得：

$$
\begin{cases}
\theta_1(-l) = 0 \\
Q_1(-l) = 0 \\
y_1(0) = y_2(0) \\
\theta_1(0) = \theta_2(0) \\
M_1(0) = M_2(0) \\
Q_1(0) = Q_2(0) \\
\theta_3(-l) = 0 \\
Q_3(-l) = 0 \\
y_3(0) = y_4(0) \\
\theta_3(0) = \theta_4(0) \\
M_3(0) = M_4(0) \\
Q_3(0) = Q_4(0)
\end{cases}
$$

$$(4\text{-}47)$$

综合式(4-44)～式(4-47)，可得 A_{1-4}、B_{1-4}、C_{1-4}、D_{1-4} 值。根据组合梁原理，由于第 1～m 层都处于协调变形，可得 m 层最大变形值，同理，得 $m+1$ 最大变形值。

$$\begin{cases} y_{m(1)}(x)_{\max}=y_{m(1)}(-l)=y_1(-l) \\ y_{m+1(1)}(x)_{\max}=y_{m+1(1)}(-l)=y_3(-l) \end{cases} \tag{4-48}$$

由式(4-48)可得第 m 与 $m+1$ 层间最大离层值为：

$$\Delta_2=y_1(-l)-y_3(-l) \tag{4-49}$$

根据上述分析,可确定出采用锚索桁架系统前、后顶板最大离层和下沉变化量,即：

（1）综合式(4-33)和式(4-48),巷道顶板最大下沉变化值为：

$$\Delta_3=y_1(-l)-y_5(-l) \tag{4-50}$$

（2）综合式(4-40)和式(4-49),巷道顶板最大离层变化值为：

$$\Delta_4=\Delta_1-\Delta_2 \tag{4-51}$$

因此,对于特厚煤层巷道顶板支护而言,主要由两种方式构成:① 在顶板深部形成强力支护系统,控制 C 区域处离层,兼顾安全和经济因素角度,利用锚索桁架系统和单体锚索系统协同支护;② 在顶板中深部离层发生区域处形成支护系统,进而达到控制 C 区域处离层变形的目的,此时采用短锚索支护系统。

第三节　本　章　小　结

（1）通过对特厚煤层巷道顶板安全性调研得出,顶板变形破坏率大,而其中掘进过程中变形较小,回采过程中影响较大;支护过程中顶板出现局部漏冒或较大变形时通常采用补加锚杆（索）、单体支柱等多种支护手段,未能从引发顶板变形的症结出发采取合理的控制措施;顶板垮冒事故具有突发性强、破坏范围大的特征。

（2）提出控制特厚煤层巷道顶板的"多支护结构体"系统,主要由锚杆支护系统形成 1 级基本结构体、单体锚索和桁架锚索支护系统或短锚索为 2 级强化结构体。

（3）对"多支护结构体"系统形成的 3 种结构进行详细分析,分别为:全煤顶帮协同控制结构、浅顶板锚固体厚板结构和深顶板索块体承载结构。

① 对于全煤顶帮协同控制结构,研究了浅顶板锚杆支护力、预应力分布特征,以及侧帮预应力控制范围、两侧角锚杆斜向角度与预应力分布特征、顶帮角锚杆破坏形式,开发出偏心式复合托盘;计算得出浅顶板锚杆安全支护力和最小预应力控制范围分别为：

$$F_{\min}=\frac{40\zeta\gamma\left[(a+k+\eta)+b\tan(45°-\frac{\varphi}{2})\right]^2}{3nR_c}\cdot\left[1-\frac{k+\eta}{(a+k+\eta)+b\tan(45°-\frac{\varphi}{2})}\right]$$

$$d = \min\left\{ b\tan\left(45° - \frac{\varphi}{2}\right), \frac{MA}{2\tan\varphi_0}\ln\left[\frac{\dfrac{C_0}{\tan\varphi_0}}{\dfrac{C_0}{\tan\varphi_0} + \dfrac{P_x}{A}}\right]\right\}$$

② 分别建立浅顶板预应力结构与锚固体厚板结构模型和煤岩变形锚固结构体模型,综合计算得出顶板最小锚固体厚度为:

$$l = \min\begin{cases} \dfrac{\alpha D^2}{2}\sqrt{\dfrac{E}{8K[\tau]}} \\ \dfrac{\sqrt{a^2+b^2}}{2} - b - d \\ \dfrac{\sqrt{a^2+b^2}}{2}\left[\dfrac{\gamma H + C\cot\psi}{C\cot\psi}\dfrac{1-\sin\psi}{1+\sin\psi}\right]^{\frac{1-\sin\psi}{2\psi}} - b - d \end{cases}$$

③ 建立深顶板索块体承载结构模型,分别对短锚索锚固、长锚索锚固和桁架锚索控制方式进行深入分析;研究得出锚索桁架五大控制机制"双向施力、长软抗剪、线型承载、锚固点稳、变形闭锁";建立顶锚索桁架系统力学模型,计算锚索桁架最小预紧力与锚固力、顶板最大下沉变化值和离层值计算式分别为:

$$F = \frac{F_2 + F_3 - \lambda k_1 c[q_1 h_1 + \cdots + q_m h_m + q_{m+1} h_{m+1} + \cdots + q_n h_n]}{\cos\alpha} + F_1$$

$$\Delta_3 = y_1(-l) - y_5(-l)$$

$$\Delta_4 = \Delta_1 - \Delta_2$$

第五章　厚煤顶离层监测方法、支护安全性判定指标及系统开发

第一节　厚煤层巷道顶板离层监测新方法探究

一、离层监测原理及现有方法简介

煤矿现场对于厚煤层巷道锚杆（索）支护顶板离层监测普遍采用机械式深浅双基点离层仪。如图 5-1 所示，它主要由锚固爪、固定管、测量钢丝绳和刻度尺构成。其中，锚固爪是孔内基点固定部件，由带倒刺的塑料套件组成，深基点布置在锚索锚固点之上 100～300 mm，浅基点固定在锚杆锚固点之上 100～300 mm。顶板离层仪除标明离层刻度外，增加红、黄、蓝三种颜色表示顶板离层松动的严重程度。一般认为，蓝色表示顶部松动离层值较小，处于较稳定的状态；黄色表示离层松动已达到警界值；红色则表示顶板离层松动值较大，已进入危险状态，必须采取处理措施。顶板离层仪器主要用于监测巷道顶板内部煤岩层的位移变化，并借助于测读的离层数据对顶板支护安全性状况进行分析指导。

图 5-1　顶板离层仪

尽管煤矿井下使用的离层仪形状多样，功能模块多少不一，但其基本功能核心——对煤岩层离层变形情况的监测原理不变，即通过巷道服务期间顶板煤岩

层变形带动监测点下移。而离层位移发生主要由于煤岩层间性质刚强度差异或厚煤层节理发育处受高应力作用导致离层空间扩大,因此通过不同监测点与顶板表面间相对位移以及监测点之间的相对位移反推离层位置和大小,并结合离层数值大小检验顶板支护状况和分析支护方案的合理性。顶板离层仪在煤岩层中基本监测布置结构和原理如图 5-2 所示。

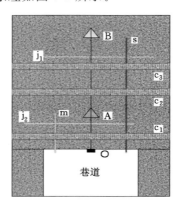

图 5-2　离层仪测定原理

(j——节理;m——锚杆;s——锚索;c_1,c_2,c_3——夹层)

(1) 离层仪安装结束,初始煤岩保持稳定,A、B 两基点值为 0,即:

$$Data_A = Data_B = 0$$

(2) 监测一段时间,由于夹层与煤性质差异大,在水平和垂直应力作用下弯曲变形特征有较大区别,两者在界面处发生离层;另外,厚煤层中节理裂隙发育,在高水平应力作用下,(近)水平节理在径向方向易产生扩展,从而在煤层内部形成离层空间,此时 A、B 两基点值发生改变,改变量分别表示锚杆或锚索锚固点以下出现离层现象。

$$Data_A = W_0 ; Data_B = V_0$$

A、B 之间离层变化值为:

$$S = |Data_A - Data_B| = |W_0 - V_0|$$

(3) 随监测时间、顶板受采动影响程度或支护强弱等因素不同,深、浅基点离层值变形也不断发生改变,在第 n 天深浅基点变形表示为:

$$Data_A = W_n ; Data_B = V_n$$

A、B 之间离层变化值为:

$$S_n = |Data_A - Data_B| = |W_n - V_n|$$

在机械式深、浅双基点离层仪基础上,为了进一步满足离层监测位置和精度需要,开发出多种型号的多点位移计。多点位移计与双基点离层仪最大区别在于其包含更多的锚固爪,从而可实现顶板以上不同区域处离层变形监测。现有顶板在线离层监测仪又可归纳为两类:

一是将离层数值存储于监测系统的存储器中,如图 5-3 所示,煤矿工作人员每隔一段时间利用手持采集仪依次采集各监测分站的位移数据。采集完毕后,通过井上的通信适配器传输到计算机中,系统软件对采集的数据进行分析,生成位移变化曲线。

图 5-3　人工采集模式

二是采用在线式/无线式系统设计,监测数据通过有线通信传输到地面工作站,如图 5-4 所示。工作原理为各个监测仪作为独立的工作分站,定时监测顶板位移的变化情况,采用 LED 数码管实时显示位移数据,并将位移数据存储到系统的存储器中,监测仪与上位机之间通过矿用位移分站转换为以太网通信,将位移数据实时上传到地面监控室服务器中,并对位移数据进行处理,形成相关位移变化曲线。

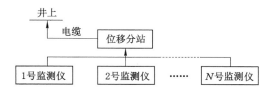

图 5-4　在线传输模式

在顶板离层监测方法上,主要涉及以下几个关键参数,即巷道走向方向相邻离层仪的间隔距离、顶板径向方向监测基点布置位置、数目以及合理的测读频率。

现场调研发现,特厚煤层巷道顶板中离层仪的间隔距离普遍为 50 m 或 100 m。单一离层测站处顶板径向方向浅、深监测基点设置 2 个,距顶板表面分别为 2~2.5 m 和 7~7.5 m,并随锚杆(索)长度相应调整。对于机械式深、浅双基点离层仪测读频率:距掘进工作面 0~10 m 范围内,2 次/天;11~20 m 范围内,1 次/天;21~50 m 范围内,1 次/3 天;当巷道稳定以后,加大观测间隔,对于离层在线监测系统,从安装完成后可一直进行连续实时观测。

二、现有监测方法存在的主要问题

锚杆具有支护速度快、劳动强度低等突出优点，但与此同时，锚杆支护后的顶板煤岩变形具有强隐蔽性特点，尤其对于特厚煤层巷道顶板，当内部煤岩移动变形量或速度达到一定程度时，易产生突发性顶板垮冒事故。顶板离层仪成为煤矿巷道服务过程中观测顶板内部煤岩层移动变形的关键监测工具，而顶板离层监测数据也成为评价煤巷锚杆支护安全状况重要基础信息。然而，通过对2010～2012年多起特厚煤层沿底巷道冒顶事故进行研究发现，虽然顶板中均安装了多套离层仪，监测的离层数据并未反映顶板安全特征，或起到提示和警示作用，需要从离层监测方法上探讨和改进。

常规的离层监测方法主要存在以下几个问题：

（1）沿巷道走向方向相邻顶板离层监测仪布置距离大。

特厚煤层沿底巷道发生顶板垮冒事故时，冒落长度一般在10～30 m。当相邻间离层仪布置为50或100 m时，易忽略关键变形区域顶板安全状况，导致监测的顶板离层特征出现偏差或不完善，不利于做出合理的安全评估，增加了顶板漏顶或垮冒的机会。

（2）顶板离层仪监测基点少，对顶板离层情况反映模糊；多点位移计增加了同一钻孔内离层监测数目，不能实现实时监测。

由于现有离层仪仅包含深、浅两个基点，深基点一般布置在锚索锚固点附近，反映顶板表面至锚索锚固点间的整体离层情况；浅基点一般布置在锚杆锚固点附近，反映锚杆锚固区域内顶板的离层情况。通过深、浅基点处离层数值变化仅能推算出锚杆与锚索锚固点间发生离层，但由于该区域包含范围较大，对顶板支护安全评估需要进一步了解离层发生的具体位置和相应的煤岩层分布特征。

多点位移计可根据现场需要增加基点数目，但难以实现数据的实时监测，而人工读数存在的主要问题为：① 观测不方便，误差大；② 离层数据不连续，随机盲目性强，重要数据搜集难以得到保障；③ 数据的集中分析处理烦琐且效率低。对于评判顶板安全性的离层监测和分析难以达到预期效果。

（3）对顶板离层变形特征全局性研究较弱，不利于采取主动及时控制措施。

首先，离层仪沿顶板走向方向布置间距大，对巷道掘进和工作面采动影响下离层变形反应迟缓，延误加强支护时机，且不利于得出合理的沿巷道走向方向离层变形特征；其次，在巷道径向方向，由于每一离层测站仅监测深、浅两个基点变形，难以得出径向方向煤岩层的位移特征，尤其是锚杆锚固点与锚索锚固点之间离层区域内煤与夹矸变形特征，而仅通过依据局部顶板变形剧烈情况采取加强控制措施，难以从宏观整体上分析顶板离层变形特征，不利于采取有效、主动的顶板控制措施。

（4）机械式离层仪人工测读频率低，在线式离层监测仪分析依靠离层变形值，参数单一，对顶板安全性不利于做出恰当的评判。

机械式离层仪安装完成后主要依据掘进工作面或采动工作面距离设置测读频率。当距采掘工作面较近时，测读频率较高；当较远时，测读频率较低，而未结合顶板煤岩性质及离层相关因素考虑。对于厚煤顶而言，由于煤层中包含大量节理裂隙，在构造带或高应力区域，顶板煤层中的水平或近水平节理在高应力作用下扩展延伸，离层变化不仅与采掘影响因素有关，同时与支护状况、煤岩层性质等因素也密切相关，需要人工密切关注离层变形或发展。在线式离层监测仪实现了连续观测，但仍采用离层变形值大小评判顶板安全性，这与机械式离层数据评判一样，指标参数单一，需研究包括离层变形值在内的一套综合性指标分析顶板支护安全状况。

三、新型监测方法理念及内容

由于现有特厚煤层沿底巷道顶板离层监测方法存在上述问题，对顶板支护安全评判性低，不利于有效指导巷道支护方案改进优化，分析顶板离层变形特征或提出有效顶板加强措施。本节针对现有特厚煤层沿底巷道顶板离层监测方法的不足，提出了"横纵交叉"型监测方法，能反映巷道顶板离层变形的演化特征，并对该监测方法进行了详细阐述。

（一）"横纵交叉"型概念及监测理念

如图5-5所示，"横纵交叉"型监测概念中"横向"、"纵向"分别指沿巷道走向和顶板垂直钻孔的纵深方向，从整体上得出横纵垂直交叉方向锚杆（索）支护顶板煤岩层离层变形特征。"横向"离层仪间隔距离设置为厚煤层顶板冒落影响范围，对顶板变形监测更具科学性；"纵向"方向一方面充分发挥在线监测仪中数据能储存且实时传递功能，另一方面具备多点位移计能对顶板不同深度煤岩层离层测读的优越性，即以在线监测系统为核心，在一测站小范围内安装多个离层仪，离层仪基点分别固定在顶板以上不同位置处，但以锚杆锚固点和锚索锚固点之间位置居多，监测不同纵向区域间煤（岩）离层状况，并结合离层数值大小、变化速度及煤岩层性质等影响因素，综合评估顶板安全状况。

（二）监测方法的内容

"横纵交叉"型监测方法如图5-6所示。从横向而言，分成横纵交叉组测站和单一离层测站，其中每隔两个单一离层测站后布置一个交叉组测站，交叉组测站中包含1个分析横向离层特征的离层仪，考虑特厚煤层沿底巷道顶板走向方向冒落影响范围，将相邻的单一离层测站或交叉组测站中用于探究横向离层特

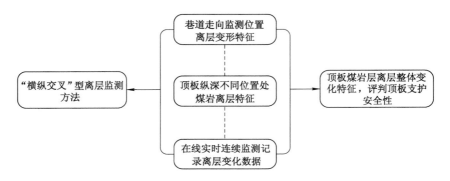

图 5-5　特厚煤层巷道顶板离层监测思路

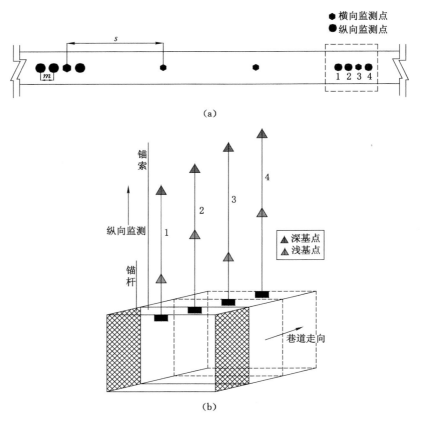

图 5-6　特厚煤层沿底巷道顶板离层监测方法

（a）横向；（b）纵向

征的离层仪与单一离层测站间的距离设置为 $10\sim30$ m,具体数值需要结合煤层性质、采动影响强烈程度、顶板煤岩结构完整性等因素综合确定。分析横向离层特征的离层仪包含两个基点,分别将两个基点固定在锚杆锚固点和锚索锚固点 $0.5\sim0.8$ m 位置处,通过对顶板走向方向离层实时监测,可实现顶板整体离层变形特征分析,从宏观上判定顶板支护安全性及评估是否采取支护加强措施和总体加强方案。

从纵向而言,将在线监测系统中的动态离层仪组合使用。即通过将 4 个监测仪共计 8 个基点固定在顶板煤岩不同位置处,监测不同位置处顶板离层值,分析纵向方向离层变形特征,离层基点的固定位置和作用如表 5-1 所列。根据第四章的分析结果,将其中 5 个点设置在锚杆与锚索锚固点之间,重点观察该区域处不同位置离层值的变形情况,另 3 个基点中的 1 个基点设置于锚杆预应力影响区域处,主要分析锚杆施加预紧力后,在煤岩中形成预应力结构体的稳定性,而剩余 2 个基点布置在锚索锚固端 $0.5\sim1.0$ m 处和 $1.0\sim2.0$ m 处,分别监测从顶板表面至锚索锚固点处煤岩整体离层大小,及不受锚杆(索)支护作用影响稳定煤岩体至顶板表面处离层值。一般而言,当煤层性质较硬而又无地质构造时,两点测出的离层值基本一致。通过对纵向离层变形特征研究,对锚杆(索)支护过程中顶板安全性进行详细判定,若顶板需要加固,可指导设计相应加固措施的具体方案。

表 5-1　　　　　　　　　　离层基点的固定位置和作用

基点＼参数	固定位置	设置作用
A	表面固定点以上 $L/3\sim L/2$	锚杆预应力影响区煤岩结构稳定性
B		不同区域处离层变形、离层速度变化特征,确定影响煤岩顶板稳定性具体离层区域,为支护方案优化或支护加强措施提供数据基础
C	锚杆锚固点至锚索锚固点之间	
D		
E		
F		
G	锚索锚固端 $0.5\sim1.0$ m	顶板表面以上至锚索锚固点间煤岩整体离层值
H	锚索锚固端 $1.0\sim2.0$ m	不受锚杆(索)支护影响深部稳定煤岩体至顶板表面处离层值

注:L 指锚杆长度,m。

第二节 厚煤层巷道顶板"离层类"监测指标研究

一、顶板安全性监测指标研究现状

顶板离层值的采集、监测方法的研究以及离层特征的分析,最终归结于评判巷道顶板支护安全性。如果评判结果安全,则不需要采取加强控制措施,并将离层变形特征作为指导地质生产条件类似的巷道支护设计依据;如果评判结果不安全,则需要结合得出的离层变形特征,分析危险区域,并采取合理的加固措施保障顶板的支护安全。因此,如何得出正确的顶板离层特征,成为离层评价顶板安全性中继监测方法后的第 2 个关键问题。通过进一步研究,离层特征的得出在保证离层仪对顶板离层准确测量的基础上,主要与离层监测分析指标有关。

归纳起来,现有评价顶板安全、分析离层特征的指标主要有离层临界值、锚杆(索)载荷值、锚杆(索)受力值、顶板变形值等,如图 5-7 所示。

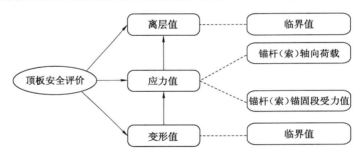

图 5-7 锚杆(索)巷道顶板常规安全评价指标

(一) 离层值和离层临界值

离层值是评判顶板安全状况关键指标之一。在煤矿现场中利用离层仪对支护过程中顶板煤岩层内部位移进行监测,并结合离层值大小间接反映顶板支护稳定性。对于复合顶板巷道而言,如图 5-8 所示,由于顶板岩层数较多,且岩层间刚强度性质差异大,支护过程中在岩层界面间易出现离层现象,顶板以上岩层离层值的总和在一定程度上能够体现出顶板变形特征及支护安全性,并在此基础上提出了离层临界值。由于离层临界值属于判定顶板安全或危险的重要指标,现场中只需将监测离层值与该指标进行简单对比,即可判定顶板的安全状况。因此,离层临界值研究引起了国内外许多学者的兴趣,并结合不同类型回采巷道,建立力学模型或采用数值模拟分析方法设定了不同的临界值。离层临界值属于综合性指标,涉及因素较多,采用数值模拟方法、力学模型分析或现场测定都存在一定的不足。如数值模拟分析时设置参数需要对煤岩体参数有较高接近度,另外确定加载应力也比较困难;现场测定仅能测出离层变化值,却难以测出顶板破坏冒落时的离层值。因此,针对井下不同生产地质条件类型巷道确定合理的离层临界值仍有较大难度。

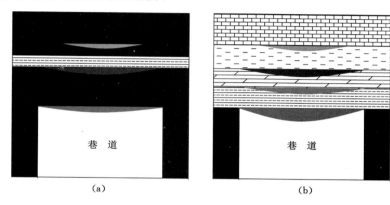

图 5-8　两类顶板的离层变形比较
(a) 特厚煤层;(b) 复合顶板

从另一角度而言,离层大小与支护状况、断面大小、顶板岩性等因素密切相关。以顶板岩性为例,砂质泥岩、粉砂岩等岩性较软,此类岩层在高应力作用下出现较大的弯曲下沉和离层,相应的离层数值也较大;而中砂岩、粗砂岩等岩性较硬岩层的离层值较小。因此,通过离层量大小或通过离层监测数据与离层临界值比较去判定顶板安全状况并不科学,谭云亮等在分析坚硬顶板冒落预报时也认为不能仅采用离层量,并提出根据离层速度高峰段来预测顶板冒落。

厚煤层顶板与复合岩层顶板离层有较大区别。由于煤层厚,并夹多层软弱岩层,煤中节理裂隙发育,在巷道服务期间,煤中水平节理处易产生扩展拉伸,煤与夹层在两者界面处也容易发生离层,且因夹层分割的煤体厚薄不均,尤其是节理处形成离层空间域,难以通过整体离层变形形式表现出来,因此顶板变形较小或离层较小仍蕴含垮冒危险;而当离层较大时,不能笼统地将顶板煤岩层整体加固控制,而需要首先确定是厚煤层中哪一区域离层值大、离层速度快,并研究相关离层区域煤岩特性,在此基础上判定顶板安全状况或采取相应的加固措施,才能有效保障顶板安全。同时,由于离层区域主要产生于锚杆锚固点至锚索锚固点之间,由于监测范围大,单一的离层变形数据不能全面反映区域内变形特征。

因此,模糊性的离层值或离层临界值数据不能较好地评判厚煤层顶板安全状况,需要结合离层数据,寻求综合性多参量方法对顶板安全进行评判。

（二）应力值

主要通过锚杆（索）轴向荷载和锚固段受力值进行分析，前者通过无损监测仪进行测量，后者通过锚杆（索）测力计得出。轴向荷载结果反映了锚杆（索）轴向承受的全部荷载，而锚固段受力值是通过测力计对锚固体中锚杆各段变形反推得出，如图 5-9 所示。然而，由于在线监测技术、顶板各区域煤岩沉积结构差别大等因素的影响，测试锚索各段受力相对较困难，现场一般仅安装锚杆（索）测力计，对锚索整体情况进行判定，当支护过程中锚索托盘处安装的测力计显示数值较大时，表明锚索锚固点以下煤岩体承受较大应力；锚杆锚固段受力值的测定也是一样的道理。

图 5-9　锚杆（索）测力计

因此，不管是锚杆或锚索测力计，监测的信息是作为离层变化辅助参量的，对层状复合顶板效果较好。但对特厚煤层巷道顶板而言，由于煤厚、煤中节理裂隙发育、夹矸层数薄且数量多等原因，承受高应力作用时，煤层内部或煤矸界面离层变化难以通过应力值反映出来。如在调研平朔集团、金海洋公司特厚煤层巷道发现：当巷道地应力小、顶板锚杆（索）轴向荷载较小的情况下仍发生冒顶事故，即表象应力低的结果易掩盖顶板内部危险离层变形较大的实质。

（三）变形值

顶板表面位移的观测值是判定顶板支护安全或稳定的关键参数之一，由于其测定方法简单、顶板变形直观，成为煤矿现场巷道最常用的监测数据，采用钢卷尺、激光测距仪或断面收敛仪等仪器进行监测，如图 5-10 所示。顶板变形值或变形速度大小在一定程度上能反映顶板应力或内部离层情况，但对变形值分析需要从两方面考虑：一是变形与顶板稳定关系。根据第二章分析结果，顶板变形大小或变形速度与顶板煤岩性质、巷道宽度等多种因素相关。顶板变形大并不代表顶板已处于失稳或危险状态，相反，顶板变形较小也不能表明顶板支护稳定和安全。对于特厚煤层沿底巷道顶板而言，如煤层强度低或顶板压力特别大时，顶板煤体结构碎裂，表现为"网兜"型煤体顶板下沉，如图 5-11 所示。当顶板变形较小时，煤岩体内部应力作用下呈现剪切错动破坏，或煤体内部不同位置节理延伸扩展,但从顶板表面下沉值难以判别。二是变形为内部煤岩体大松动扩容或离层扩展的结果。特厚煤层顶板变形一般难以如复合顶板的梁式弯曲破坏,高应力作用下煤岩层内部局部产生变形破坏,当离层空间达到一定值或松动破碎范围超过原有接触空间范围时,可逐步反映到顶板表面位移参量。当顶板发生较大变形时,说明在煤岩内部可能已经出现较大碎裂松动范围,当顶板在较大位移情况下继续变形时,内部煤岩层离层或松动破碎速度大幅加快,在大变形之后采取补救加强控制的效果远低于松动破碎范围形成之前的情况。

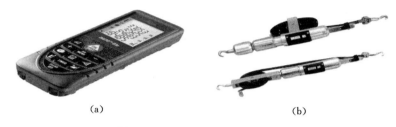

(a)　　　　　　　　　　(b)

图 5-10　巷道表面位移监测仪器

(a) 激光测距仪;(b) 断面收敛仪

图 5-11　"网兜"型煤体顶板下沉

二、厚煤层顶板"离层类"指标概念及分类

针对现有监测指标在特厚煤层沿底巷道顶板支护安全评判中存在的上述不足,提出"离层类"综合指标概念,即以锚杆锚固点和锚索锚固点之间离层变形为核心参量,设置了包含离层值在内的 10 个关键参量,如图 5-12 所示,综合各参量数值相对变化对顶板安全进行评价。

厚煤层顶板"离层类"指标可分成 4 大类,具体如下:

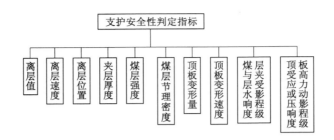

图 5-12　"离层类"顶板安全性判定指标

　　一是离层相关变形值指标,包括离层值、离层速度和离层位置。这是在充分考虑厚煤层顶板煤岩特殊性基础上提出的,离层值通过离层监测仪器直接测出,并将其进一步分析离层速度和离层位置,尤其需研究锚杆锚固点和锚索锚固点间不同区域煤岩层离层变形速度,离层相关变形值关系如图 5-13 所示。

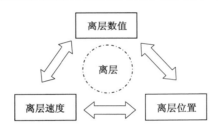

图 5-13　离层相关变形值关系

　　二是煤与夹层性质指标,主要包括夹层厚度、煤层强度和煤层节理度。顶板安全性状况及离层产生、变形发展均与煤层与夹层性质密切相关,主要表现为厚煤层离层在高应力作用下于节理处易产生拉伸扩展及煤与夹层相对强度差别导致界面处离层,因此将煤与夹层性质指标作为判定顶板安全的"离层类"指标。

　　三是顶板变形指标,主要包括顶板变形量和变形速度。顶板变形指标能从宏观上判定顶板安全性,其中变形量和变形速度能在一定程度上反映顶板受力和离层变形情况。

　　四是顶板煤与夹层外部地质生产环境指标,主要包括煤层与夹层受水影响程度级和顶板受高应力或动压影响程度级。若煤层与夹层中含水,在巷道开挖扰动下顶板裂隙产生扩大,在水的侵蚀或流动作用下加快离层发展或变形,从而影响顶板安全稳定性;同样在顶板受高应力或动压影响作用因素时,对离层和顶板变形影响也较大。

三、"离层类"指标具体内容

特厚煤层沿底巷道顶板的变形、发展及安全性评价既和"离层类"单因素有关，也是各指标相互影响、交叉作用的结果。因此，本小节首先对指标具体内容进行分析，在此基础上，对指标间相互作用关系进行研究。

（一）离层值

对于含多层夹矸层的厚煤顶而言，巷道支护过程中常出现顶板离层现象。离层值是顶板煤岩层间或煤层内介质在应力作用下位移变化的结果，在顶板表面一般难以表现出来，因此需要从顶板煤岩内部监测，尤其对于锚杆（索）锚固点间煤岩层离层而言，仅从宏观角度监测其整体离层值难以寻求内部煤岩层位移的本质以及给出合理的顶板安全性评价结果。另外，顶板以上不同位置处离层往往相差较大，现有监测中仅是根据锚杆（索）锚固点划分出 3 大区域：锚杆锚固区内、锚索锚固区以上及锚杆（索）锚固点间，欠缺从锚杆（索）锚固点间离层区域处划分出主次位置。因此，对于离层值分析而言，在顶板垂直方向需要设置不同位置处监测点，找出离层值变形主要变化区域，并结合其他位置离层变形情况综合得出顶板离层分析结果。

（二）离层速度

对于锚杆（索）锚固点之间煤岩层离层区域，离层速度反映了不同位置处相对稳定状况。当顶板结构体承载均匀，且无构造应力影响时，离层变形速度相对稳定；当顶板局部煤岩层承受集中应力作用，或监测区域结构破坏，主离层区域变形速度加剧。因此，结合离层速度也能对宏观离层发展趋势以及主次离层区域结构稳定程度等做出一定预测和基本判定。

（三）离层位置

离层位置包含意义较广，在现有离层监测分析中，离层位置仅从宏观上得出，且相应的区域范围过大，不利于指导现场技术人员提出合理有效的加强措施。以锚杆（索）锚固点间出现离层值 80 mm 为例，由于两锚固点相隔较大，从而难以判别具体离层位置。因此，离层位置需要进一步精确化，通过在上述两锚固点间布置多个基点，由监测数据得出主离层区位置，增大顶板支护安全性评判可靠性及加强手段的针对性。

（四）夹层厚度

对于厚煤顶中存在的软弱夹层而言，由于夹层与煤层之间刚强度差异性，导致煤岩层在高应力作用下产生不同的变形特征，其结果表现为两者界面处易产生离层现象；同时夹层变形过程中除了直接受作用荷载、岩层强度因素影响外，与夹层的厚度也密切相关。夹层较薄且岩性较软情况下，极易产生离层破碎变形,随夹层厚度增加,离层现象逐渐减弱,整体抗变形能力增强。

（五）煤层强度

厚煤顶中煤层强度因素对离层、变形影响较大。煤层强度大,顶板变形相对较小;而煤层强度小,离层和变形值相对较大,同时煤层强度大小也直接反映顶板整体变形特征。与复合岩层顶板比较,在高应力作用下顶板煤层不易成梁式弯曲破坏,强度较大的煤层抗变形能力强,难以呈整体协同变形,而当变形至较小程度即呈碎裂破坏,甚至引发煤体结构失稳;强度较低的煤层抗变形程度低,顶板不同区域离层现象明显,在节理裂隙影响下离层变形至一定程度易导致煤层结构失稳。

（六）煤层节理度

厚煤顶中节理裂隙发育,离层变化不仅发生在具有刚强差异性的煤岩界面间,在煤层内部节理处也产生离层。井下观测发现,锚杆（索）锚固点间区域的煤层节理处在顶板垂直方向（径向）易产生拉伸,而在顶板平行方向（横向）易产生扩展。随支护强度、服务时间、应力荷载等因素作用,在节理拉伸和扩展变形后形成离层空间域,并不断延伸扩大,对顶板的安全支护构成较大影响。

（七）顶板变形量

巷道掘出后,原有的顶板应力平衡状态发生改变,并在支护作用下不断调整形成新的应力平衡。伴随原有平衡被打破和新应力平衡形成,顶板也相应发生变形,顶板内部主要表现为离层现象;顶板表面则表现为下沉或破坏。因此,顶板变形量能在一定程度上反映出顶板应力状态和支护状况,对于特厚煤层沿底巷道顶板而言,针对不同煤体强度,其变形量也可反映顶板结构稳定程度。

（八）顶板变形速度

除了顶板变形量外,顶板整体变形稳定性的另一项指标为顶板变形速度。当顶板结构体稳定,锚杆（索）锚固承载体受力均匀,离层呈渐进发展时,顶板变形速度也稳定、平缓;而当顶板结构发生改变,处于非稳定状态时,相应的顶板变形速度也急剧增长。对于厚煤层顶板而言,通常情况下,较大强度煤层的内部离层变形发展以顶板急剧变形速度方式的异常矿压显现较少,相反,强度较低煤层则以该方式表现居多,顶板变形速度需要结合其他指标判定厚煤顶支护安全性。

（九）煤层与夹层受水影响程度级

厚煤层顶板煤岩层中受水影响程度级与顶板变形或离层产生、发展密切相关。静水压力可引发煤层中裂隙的扩容变形;而动水压力则会降低煤岩的抗剪强度;另外,伴随顶板离层变形过程发展,顶板水流动过程中对夹层产生软化作用,降低煤岩抗变形强度,易加速煤岩离层和顶板整体变形。因此,将煤层与夹层受水影响情况程度级作为分析顶板支护安全的指标之一。

(十)顶板受高应力或动压影响程度级

顶板在高应力或动压影响下,特厚煤层中煤岩体变形特征差异性较大。夹层一般在高应力作用下产生弯曲变形,挠度值较大;而煤层在内部节理处发生拉伸扩展,并易在多裂隙区发生剪切破坏,或由整体承载结构演变为碎裂结构,致使顶板出现失稳垮落。因此,结合顶板受高应力或动压情况程度级也能对顶板支护强度和顶板安全状况进行初步判定,将其作为顶板支护安全性评价指标之一。

通过对上述 10 项指标的分析可以发现:"离层类"指标中的每一项具体指标对于顶板支护安全性都难以做出较为准确的判定,还需要研究指标间相互作用关系,并结合每一指标数值变化,综合得出判定结果。以离层速度指标为例,当顶板以上某一区域发生离层,离层速度主要与离层位置、夹层厚度、煤层与夹层受水影响情况及顶板受高应力或动压影响程度、煤层强度、煤层节理度指标有关,其次与离层值和顶板变形量指标有关,另外,同一层次指标与研究指标间相互影响关系也程度不一,其他指标相关性分析与上述类似。

在对"离层类"指标理论分析的基础上,以下利用多因素分析方法首先将指标进一步细化、分类和数字化,并开发顶板安全判定系统,科学评估特厚煤层沿底巷道顶板支护安全程度。在部分顶板支护不安全情况下,提出切实可行的加固措施,保障顶板稳定安全。

第三节 特厚煤层巷道顶板安全性综合分析软件

经济学中对多指标评价方法研究较多,包括模糊数学评价法、人工神经网络评价法、灰色系统评价法、数据包络分析法、层次分析法等。近年来,伴随我国煤矿巷道支护技术的快速发展及"高效、安全、可靠"支护目标的提出,许多研究学者开始将多指标评价方法应用于巷道围岩稳定性、支护可靠性和安全性等方面。如将模糊综合评价或人工神经网络评价方法(尤其以 BP 神经网络)应用于现场巷道围岩稳定性方面分类已较为普遍,灰色系统、数据包络分析法在巷道稳定性分类方面研究较多。层次分析法在矿业领域应用研究相对较少,本节主要结合第二节提出的"离层类"指标并尝试利用层次分析方法对顶板支护安全性进行评价研究,并在此基础上开发特厚煤层巷道顶板安全性分析软件,在判定顶板危险的情况下给出加强支护措施,进而增强巷道顶板支护的安全性。

一、层次分析法(AHP)概述

层次分析法(Analytic Hierarchy Process),简称 AHP 方法,是由美国匹兹堡大学著名经济学家 T. L. Saaty 教授提出,通过将复杂的决策问题划分为多层次递阶结构,形成多层次分析模型,结合因素重要性进行比较判断,确定决策在总准则和分准则下的重要性量度,从而对原有的决策问题进行优劣排列,其基本思路是:

大系统→多层次组成→(同一层次,高一层次)→相对重要性判断→层次单排序→层次总排序→权系数大为优。

由于本节主要研究特厚煤层巷道顶板支护安全因子,进而通过顶板支护安全因子范围确定顶板安全程度,不需要对具体方案进行优劣判定。因此,在原有层次分析基本思路基础上改进为:

多层次组成→(同一层次,高一层次)→相对重要性判断→层次单排序→最大(小)顶板支护安全因子确定→顶板支护安全因子排序。

在利用层次分析法确定合理因素之后,相应各因素权重的确定异常关键,对顶板支护安全因子而言,权重的大小决定了顶板综合安全程度及其判定,而权重的确定首先需要根据两两因素重要性比值构造判断矩阵,如表 5-2 所列,该判断矩阵具有如下特点:

(1)自反性,即 $a_{ij} = a_{ji} = 1$(当 $i = j$ 时),这是由于同一因素重要性一致,两两比值为 1;

(2)对称性,即 $a_{ij} \cdot a_{ji} = 1$,可认为两不同因素重要性比值间互为倒数;

(3)传递性,即 $a_{ik} = a_{ji} \cdot a_{ik}$,如 $a_{12} = 3$,$a_{23} = 1/4$,则 $a_{13} = 3/4$。

表 5-2 　　　　　　　　　　　　　因素重要性两两相互间比较表

	A_1	A_2	A_3	...	A_n
A_1	1	a_{12}	a_{13}	...	a_{1n}
A_2	a_{21}	1	a_{23}	...	a_{2n}
A_3	a_{31}	a_{32}	1	...	a_{3n}
⋮	⋮	⋮	⋮	...	⋮
A_n	a_{n1}	a_{n2}	a_{n3}	...	a_{nn}

对于表 5-2 中 a_{ij} 值,T. L. Saaty 建议通过数字 1、3、5、7、9 进行标度,表 5-2 中各因素重要性大小结合表 5-3 进行选择。

表 5-3　　　　　　　　　　　　　　　标度及其含义

标度	含义	等级
1	两者具有同等重要性	1
3	前者比后者重要	2
5	前者比后者明显重要	3
7	前者比后者强烈重要	4
9	前者比后者极端重要	5

注:标度也可取 1、2、4、6、8 或其倒数。

在建立相对重要性判断矩阵后,进行层次单排序,并通过乘积 n 次方根法确定各因素相对权系数或特征向量。

$$b_i = \sqrt[n]{\prod a_{ij}} \ (j = 1, 2 \cdots n)$$

权重值 T 集合可表示为:

$$\begin{cases} T = (a_0, a_1, a_2 \cdots a_n) \\ a_i \geqslant 0, \sum a_i = 1 \end{cases}$$

二、特厚煤层沿底巷道顶板支护安全评价因子确定

(1)结合上述分析的判定顶板安全性的"离层类"指标和层次分析法原理,确定因素重要性比较表,如表 5-4 和表 5-5 所列。

表 5-4　　　　　　　　　　　　　　　判定指标及其代号

判定指标	代号	判定指标	代号
离层值	A_1	煤层强度	A_6
离层速度	A_2	顶板变形速度	A_7
离层位置	A_3	顶板变形量	A_8
夹层厚度	A_4	煤层与夹层受水影响程度级	A_9
煤层节理度	A_5	顶板受高应力或动压影响程度级	A_{10}

表 5-5　　　　　　　　　　　　　"离层类"因素两两相互间比较表

指标	A_1	A_2	A_3	A_4	A_5	A_6	A_7	A_8	A_9	A_{10}
A_1	1	3	3	5	5	5	5	7	7	7
A_2	1/3	1	3	3	5	5	5	7	7	7
A_3	1/3	1/3	1	3	3	5	5	5	7	7
A_4	1/5	1/3	1/3	1	3	3	5	5	5	5

指标	A_1	A_2	A_3	A_4	A_5	A_6	A_7	A_8	A_9	A_{10}
A_5	1/3	1/3	1/3	1/3	1	3	3	5	5	5
A_6	1/5	1/5	1/5	1/3	1/3	1	3	3	5	5
A_7	1/5	1/5	1/5	1/5	1/3	1/3	1	3	5	5
A_8	1/7	1/5	1/5	1/5	1/5	1/3	1/3	1	3	3
A_9	1/7	1/7	1/7	1/5	1/5	1/5	1/5	1/3	1	1
A_{10}	1/7	1/7	1/7	1/5	1/5	1/5	1/5	1/3	1	1

将 10 项"离层类"指标进一步分层细化,确定因素二级层重要性比较表,如表 5-6 所列。

表 5-6　　　　　　　　"离层类"二级因素范围两两相互间重要性比较表

判定指标(P)	代号(D)	因素变化范围(R)	C_1	C_2	C_3
离层值/mm	C_1	<50	1	1/3	1/7
	C_2	50～100	3	1	1/5
	C_3	>100	7	5	1
P	D	R	C_4	C_5	C_6
离层速度/(mm/d)	C_4	<5	1	1/5	1/9
	C_5	5～50	5	1	1/5
	C_6	>50	9	5	1
P	D	R	C_7	C_8	C_9
离层主要位置	C_7	锚杆锚固点下	1	1/3	1/9
	C_8	锚杆(索)锚固点间	3	1	1/5
	C_9	锚索锚固点上	9	5	1
P	D	R	C_{10}	C_{11}	C_{12}
夹层厚度/m	C_{10}	<0.3	1	5	7
	C_{11}	0.3～0.5	1/5	1	3
	C_{12}	0.6～1	1/7	1/3	1
P	D	R	C_{13}	C_{14}	C_{15}
煤层节理度/(条/m³)	C_{13}	<10	1	1/7	1/9
	C_{14}	10～50	7	1	1/5
	C_{15}	>50	9	5	1

续表 5-6

判定指标（P）	代号（D）	因素变化范围（R）	C_1	C_2	C_3
P	D	R	C_{16}	C_{17}	C_{18}
煤层强度（f 值判定）	C_{16}	软煤	1	5	9
	C_{17}	中煤	1/5	1	5
	C_{18}	硬煤	1/9	1/5	1
P	D	R	C_{19}	C_{20}	C_{21}
顶板变形速度/（mm/d）	C_{19}	<10	1	1/3	1/7
	C_{20}	10～30	3	1	1/5
	C_{21}	>30	7	5	1
P	D	R	C_{22}	C_{23}	C_{24}
顶板变形量/mm	C_{22}	<50	1	1/3	1/7
	C_{23}	50～200	3	1	1/5
	C_{24}	>200	7	5	1
P	D	R	C_{25}	C_{26}	C_{27}
煤层与夹层受水影响程度级	C_{25}	强烈	1	5	7
	C_{26}	一般	1/5	1	3
	C_{27}	较弱	1/7	1/3	1
P	D	R	C_{28}	C_{29}	C_{30}
顶板受高应力或动压影响程度级	C_{28}	强烈	1	5	7
	C_{29}	一般	1/5	1	3
	C_{30}	较弱	1/7	1/3	1

（2）将表 5-5 和表 5-6 进行层次单排序，利用乘积 n 次方根法求解，在此利用 Matlab 编制运算程序，计算整理结果如表 5-7 所列。

表 5-7　　　　　判定指标特征向量及权值计算结果

判定指标	Ⅰ级特征向量（a_i）	因素变化范围	Ⅱ级特征向量（b_i）	权值（Q_i）
离层值/mm	0.283 4	<50	0.081 0	0.023 0
		50～100	0.188 4	0.053 4
		>100	0.730 6	0.207 1

续表 5-7

判定指标	Ⅰ级特征向量(a_i)	因素变化范围	Ⅱ级特征向量（b_i）	权值（Q_i）
离层速度/(mm/d)	0.198 6	<5	0.058 1	0.011 5
		5～50	0.206 7	0.041 0
		>50	0.735 2	0.146 0
离层主要位置	0.159 4	锚杆锚固点下	0.070 4	0.011 2
		锚杆(索)锚固点间	0.178 2	0.028 4
		锚索锚固点上	0.751 4	0.119 8
夹层厚度/m	0.108 1	<0.3	0.730 6	0.079 0
		0.3～0.5	0.188 4	0.020 4
		0.6～1	0.081 0	0.008 8
煤层节理度/(条/m³)	0.086 7	<10	0.051 0	0.004 4
		10～50	0.227 1	0.019 7
		>50	0.721 9	0.062 6
煤层强度	0.056 7	软煤	0.735 2	0.041 7
		中煤	0.206 7	0.011 7
		硬煤	0.058 1	0.003 3
顶板变形速度/(mm/d)	0.043 3	<10	0.081 0	0.003 5
		10～30	0.188 4	0.008 2
		>30	0.730 6	0.031 6
顶板变形量/mm	0.028 8	<50	0.081 0	0.002 3
		50～200	0.188 4	0.005 4
		>200	0.730 6	0.021 0
煤层与夹层受水影响程度级	0.017 5	强烈	0.730 6	0.012 8
		一般	0.188 4	0.003 3
		较弱	0.081 0	0.001 4
顶板受高应力或动压影响程度级	0.017 5	强烈	0.730 6	0.012 8
		一般	0.188 4	0.003 3
		较弱	0.081 0	0.001 4

从表 5-7 中可得,一、二级层中特征向量、权值分别有:

$$\sum_{i=1}^{10} a_i = 1 \ , \ \sum_{i=1}^{10} b_i = 10 \ , \ \sum_{i=1}^{10} Q_i = 1$$

(3) 对表中权值进行分析计算,得出顶板安全因子。从表 5-7 中可得,各影响因素中最小、最大权值分别为 0.07 和 0.73,由于层次分析计算中已对二级因素范围进行了研究,在此可根据权值最大、最小值均分,即可得到特厚煤层沿底巷道顶板支护安全性分区和安全级别,如表 5-8 所列。

表 5-8　　　　　　　　　　特厚煤层顶板支护安全性分级

安全性判定级别	安全评价因子	说明
特别危险	[0.62,0.73]	需立即采取加强措施,并改进支护方案
危险	[0.51,0.62)	需采取加强措施,并改进支护方案
较危险	[0.40,0.51)	需采取加强措施
较安全	[0.29,0.40)	可采取加强措施,可优化方案
安全	[0.18,0.29)	支护稳定性强,无需加强支护,支护方案良好
特别安全	[0.07,0.18)	支护稳定性强,无需加强支护,可优化支护方案

三、特厚煤层巷道顶板支护安全性评价系统

(一)系统开发构想

由于评价特厚煤层巷道顶板安全性的指标较多,若采用常规人工计算的方法,不仅花费大量时间,且容易出现疏漏或错误输入,得出不正确的结论;另外,将顶板安全评价结果进行软件智能化分析后,操作十分快捷、方便,有利于现场工程技术人员快速掌握和推广使用。基于上述原因,开发一套特厚煤层巷道顶板支护安全性评价系统迫切而必要。

(二)系统基本结构

本系统由 Java 程序语言开发而成,部分程序代码见附录,主要结合了上述计算分析得出的顶板安全性判定指标权值和支护安全性分级结果,系统的基本结构主要包括三部分:输入模块、运行模块和显示模块,系统结构如图 5-14 所示。

1. 指标样本输入模块

该模块的功能是原始数据的输入,主要包括特厚煤层巷道顶板离层值、离层速度、离层主要位置、夹层厚度、煤层节理度、煤层强度、顶板变形速度、顶板变形量、煤层与夹层受水影响程度级以及顶板受高应力或动压影响程度级。

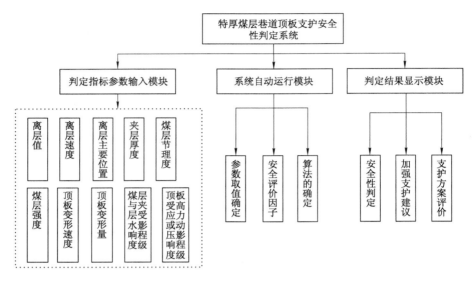

图 5-14　系统结构图

2. 运行模块

该模块主要根据用户在判定指标参数栏中输入的具体值,利用程序设置的算法对参数进行综合计算,它是本系统的核心部分。

3. 安全判定结果显示模块

该模块主要将运行结束后的结果以顶板安全性分级形式显示给用户,用户可以很方便地确定顶板支护状况,并根据显示的结果确定是否采取加强措施或对顶板支护方案进行后期优化。

（三）系统的使用

系统程序编写完成后存储为 txt 文本模式,分别为 LogoFrame. java 和 MainFrame. java,在 Windows 操作系统下安装应用程序 Java(TM),将编写的程序在 Java(TM)中运行,形成批处理文件(Package2Jar),然后双击批处理文件 Package2Jar 后即可形成判定系统的启动体,这是在 Java(TM)Platform SE binary平台上形成的安全判定系统,将其保存为 RSEC,如图 5-15 所示。通过双击 RSEC 系统,即出现评价系统的初始界面,如图 5-16 所示。

图 5-15　系统形成过程

图 5-16 特厚煤层巷道顶板支护安全性评价系统的初始界面

在系统的初始界面下点击右上方的 ✖ 按钮,则退出系统;点击"进入"按钮,则进入系统的主界面,如图 5-17 所示。

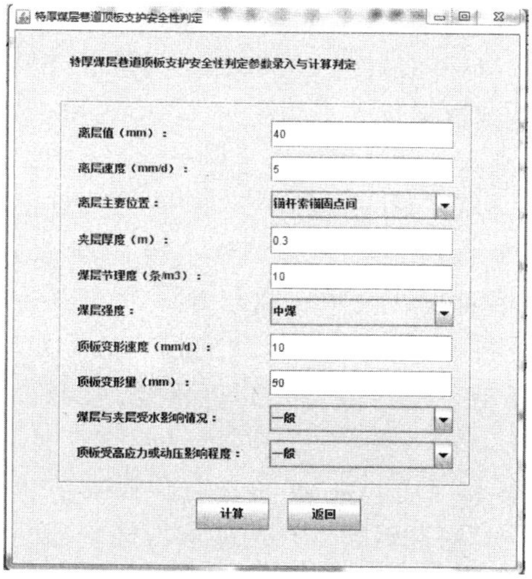

图 5-17 特厚煤层巷道顶板支护安全性评价系统的主界面

在此主界面中,用户可以根据特厚煤层巷顶板不同参数输入具体数据,以某巷道顶板工程数据为例,分别输入:离层值为 40 mm、离层速度为 5 mm/d、离层主要位置为锚杆(索)锚固点间、夹层厚度为 0.3 m、煤层节理度为 10 条/m³、煤层强度为中硬煤,顶板变形速度为 10 mm/d,顶板变形量为 50 mm,煤层与夹层受水影响情况为"一般",顶板受高应力或动压影响程度为"一般"。点击"计算"按钮,则系统进行快速运算;点击"返回"按钮时,则回到起始界面;点击右上方的 ✖ 按钮,则退出系统。点击"计算"按钮后,得出判定结果如图 5-18 所示。

图 5-18　系统运行后输出结果界面

第四节　本章小结

（1）通过对现有特厚煤层巷道离层监测方法研究,得出其存在的主要问题有：① 沿巷道走向方向相邻顶板离层监测仪布置距离大；② 顶板离层仪监测基点少,对顶板离层情况反映模糊；多点位移计增加了同一钻孔内离层监测数目,不能实现实时监测；③ 对顶板离层变形特征全局性研究较弱,不利于采取主动、及时的控制措施；机械式离层仪人工测读频率低,在线式离层监测仪分析依靠离层变形值,参数单一,不利于对顶板安全性做出恰当评判。

（2）针对特厚煤层巷道顶板离层监测,提出"横纵交叉"型离层监测概念,详细分析其理念及监测方法内容。其中横向而言分成横纵交叉组测站和单一离层测站,其中每隔两个单一离层测站后布置一个交叉组测站,交叉组测站中包含 1 个分析横向离层特征的离层仪；纵向而言即通过将 4 个监测仪共计 8 个基点固定在顶板煤岩不同位置处,监测分段位置处离层值,分析纵向离层变形特征。

（3）结合理论分析和现场调研,指出现有顶板安全性评判指标存在的主要不足：离层临界值测定模糊且不同煤岩顶板结构变化范围较大；由于煤厚、煤中节理裂隙发育、夹矸层薄且数量多等原因,煤层内部或煤矸界面离层变化难以通过锚杆载荷/应力大小真实反映出来；顶板变形量大小在离层空间达到一定值或松动破碎范围超过原有接触空间范围时才逐步表现出来；煤岩体内部应力作用下出现剪切错动破坏或煤体内部不同位置节理延伸扩展,从顶板表面下沉值难以判别。

（4）提出评判顶板安全性"离层类"综合指标,主要包括离层相关变形值指标、煤与夹层性质指标、顶板变形指标和煤与夹层外部地质生产环境指标四大类,具体包括离层值、离层速度、离层位置、夹层厚度、煤层强度、煤层节理度、顶板变形量、变形速度、煤层与夹层受水影响情况程度级和顶板受高应力或动压影响程度级等具体指标,并对其指标具体内容进行研究。

（5）结合大量现场调研，并利用改进后的层次分析法（AHP）对提出的"离层类"综合指标进行研究，结合 Matlab 软件，综合得出特厚煤层巷道顶板支护安全分区和安全评价因子。

（6）利用 Java 语言编写程序，开发出一套特厚煤层巷道顶板支护安全性判定系统，可对锚杆（索）支护下特厚煤层顶板安全状况进行判定。

第六章　现场工程实践

第一节　采动影响下特厚煤层沿底回采巷道工程实例

一、生产地质条件

平朔集团井工二矿 29211 工作面开采 9# 煤层,平均厚度为 12.39 m,煤层结构复杂,节理发育一般,强度大,含夹矸 1～8 层;29211 回风巷平均埋深为 220 m,总长为 1 259 m,沿 9# 煤层底掘进,直接顶以中粗砂岩为主,局部有灰黑色泥岩;底板以泥质岩类为主,性脆,易碎,29211 回风巷为矩形断面,宽×高＝5.0 m×3.5 m,顶板煤层平均厚度为 8.9 m,为典型特厚煤层沿底巷道,煤岩层柱状图如图 6-1 所示。并利用钻孔窥视仪对巷道顶煤裂隙钻孔观测得出,特厚煤顶完整性弱,局部裂隙发育,较破碎,巷道掘进或工作面回采过程中具有潜在的离层致垮冒危险。

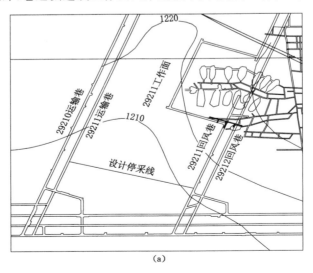

(a)

图 6-1　29211 回风巷布置及煤岩层柱状图

柱 状 1:500	煤层 编号	层厚 最小～最大 平均	岩性描述
	7	$\dfrac{0.00\sim1.90}{1.35}$	煤层结构简单,但分布较广。
		$\dfrac{0.80\sim26.35}{11.85}$	主要由砂质泥岩、粉细砂岩、中粗砂岩组成,靠近9#煤处有时发育8#煤层,为9#煤层向上分叉煤层。
	9	$\dfrac{10.62\sim15.08}{12.39}$	黑色,块状,半亮型煤为主,块及粉状,性脆易碎,结构复杂,含1~8层夹矸,夹石岩性多为泥质岩、高岭岩,局部夹粉砂岩薄层。
		$\dfrac{0.80\sim14.3}{3.10}$	多为泥岩、碳质泥岩等,少为中细砂岩,见有黄铁矿结核或成层状。
	10	$\dfrac{0.43\sim1.23}{0.66}$	半亮型为主,沥青-油脂光泽,灰分较高,本面为零星可采煤层。
		$\dfrac{2.35\sim4.52}{4.02}$	类动物化石及动物碎屑,为11#煤层的直接顶板。由砂质泥岩、粉细砂岩组成,顶部局部夹一薄层高岭岩,局部间夹细砾岩,底部普遍发育一层泥灰岩。

(b)

图 6-1　29211 回风巷布置及煤岩层柱状图(续)

(a) 回风巷布置图;(b) 煤岩层柱状图

顶锚杆采用 $\phi22$ mm 左旋螺纹钢锚杆,长度为 2.4 m,安装扭矩≥140 N·m,间排距为 900 mm×1 000 mm,单孔中依次为 1 根 K2335 和 1 根 Z2360 树脂锚固剂;顶板网片为 $\phi4$ mm 钢筋焊接方格网,网格为 80 mm×80 mm;长×宽＝3 m×1.3 m;顶锚索采用 $\phi17.8$ mm 的钢绞线,长度为 7.3 m,锚深为 7 m,锚索预紧力不低于 90 kN。每个锚索钻孔安装 1 根 K2335、2 根 Z2360 树脂药卷,双排布置,间排距为 1.8 m×2 m,支护现场效果如图 6-2 所示。

二、顶板离层变形监测系统的设置和结果分析

(一)离层变形监测方案及系统

特厚煤层沿底巷道顶板支护安全性不能仅根据顶板变形程度判定,而是对各因素综合分析的结果,这在前文中已有详细分析,而顶板离层因素及其变形特征尤为重要。另外,同一巷道煤岩赋存结构差异不大,在支护方案一致的情况下

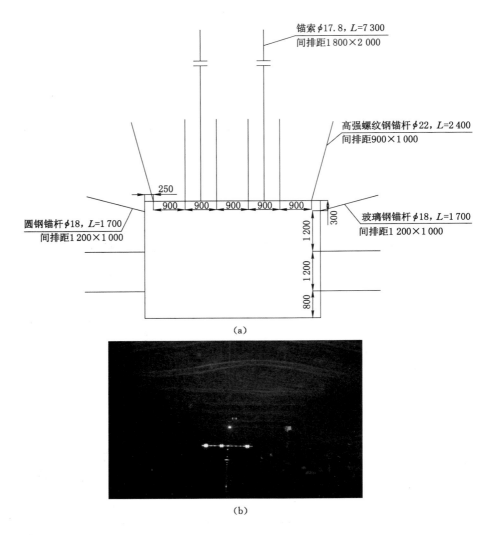

图 6-2　29211 回风巷支护设计及现场效果图

(a) 支护设计方案;(b) 现场效果图

选择某一长度的连续区域开展采动影响下的监测实验工作。在对监测数据分析的基础上,结合特厚煤层巷道顶板监测系统软件得出实验煤巷顶板安全性,当顶板处于危险状态时,给出合理的支护加强措施建议,待改进支护方案后再次通过离层监测系统监测和分析,依次循环直到顶板支护处于安全状态,如图 6-3 所示。

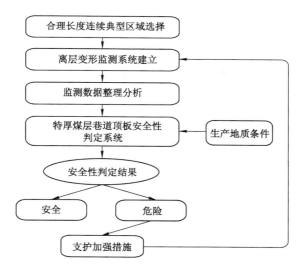

图 6-3　特厚煤层顶板支护安全性判定流程图

　　选择 29211 回风巷 300 m 长连续区域开展工作面回采过程中离层变形特征研究。采用尤洛卡矿业安全工程股份有限公司 KJ216 顶板离层智能监测装备，采用分布式总线技术和智能一体化传感器技术，每台下位位移分站可连接 128 个智能传感器，矿用位移分站与上位主站连接将监测数据传送到井上监测服务器；顶板离层系统采用隔爆兼本安型电源供电，每台电源可同时供电 20 个离层监测传感器。

　　离层传感器采用钻孔式安装，每个钻孔（传感器）设置 2 个基点，待系统安装结束后可根据顶板变形情况自动采集、传输和储存数据，建立的监测系统如图 6-4 所示。根据前文分析的"横纵交叉"型离层监测方法设计该区域特厚煤顶离层变形观测方案，如图 6-5 所示。

图 6-4　顶板安全监测系统初始界面

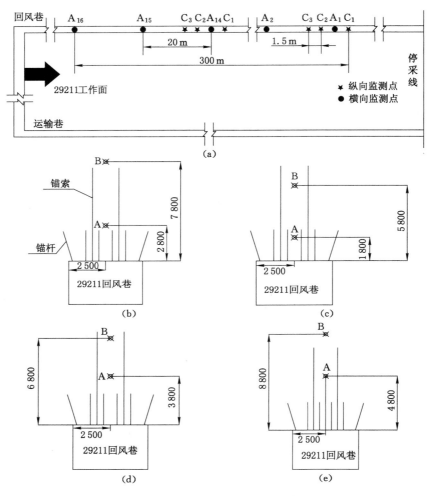

图 6-5 29211 回风巷顶板离层监测点设置
(a) 监测点布置;(b) $A_1 \sim A_{16}$ 钻孔;(c) C_1 钻孔;
(d) C_2 钻孔;(e) C_3 钻孔

对于横向离层特征分析,相邻传感器间距设置为 20 m,深、浅离层基点分别设置为 7.8 m 和 2.8 m,主要监测工作面回采过程中锚杆(索)锚固点间离层变形特征;对于纵向离层特征分析,相邻传感器间距设置为 1.5 m,深、浅基点分别设置为 8.8 m、6.8 m、5.8 m 和 1.8 m、3.8 m、4.8 m,主要监测顶板以上含夹层不同区域处离层变形特征,顶板下沉量监测基点共设置 6 组,相邻两组之间的间距为 60 m,现场顶板离层监测点布置如图 6-6 所示。

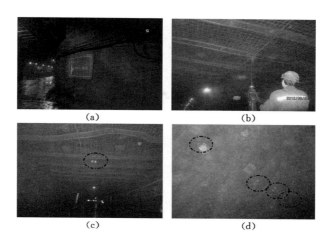

图 6-6　29211 回风巷顶板离层监测点现场布置图

(a) 巷道现场；(b) 钻孔；(c) 单一组；(d) 多组

（二）监测结果分析

1. 顶板离层孕育发展的主要区域

通过对 29211 回风巷顶板离层监测数据统计，对于"横纵交叉"型监测方法中纵向离层变形时离层发生位置而言，主要为顶板以上 8.8 m、7.8 m、6.8 m、4.8 m、3.8 m 和 2.8 m 处。根据前文顶板离层分区结论，进一步分析统计在锚杆锚固区域内、锚杆（索）锚固点间及锚索锚固点以上离层位置占比情况，如图 6-7 所示，可知特厚煤层沿底巷道顶板锚杆（索）支护时在锚杆与锚索锚固点间出现离层的比例最大。

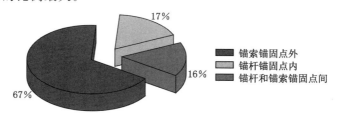

图 6-7　29211 煤巷顶板离层发生区域位置及比例

从横向离层变形时离层与采煤工作面距离而言，主要在工作面前方 50 m内产生，部分区域顶板离层位于工作面前方 50 m 外，如图 6-8 所示，调研得出上述区域顶板较破碎，存在顶板淋水现象或煤帮开掘小硐室扰动影响所致。

2. 顶板横纵离层变形特征

为了研究 29211 特厚煤层巷道在本工作面回采过程中顶板纵向与横向离层

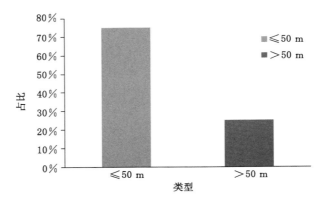

图 6-8　29211 煤巷顶板离层出现时测点与采煤工作面间距离

变形特征,选择 3 组典型离层监测站进行分析,分别将其定义为 1[#]、2[#] 和 3[#] 测站,各测站在整个监测系统的标号分别为 No.9、No.11 和 No.22,离层监测结果如图 6-9 所示,其中图 6-9(a)、(b)为 1[#] 测站结果,图 6-9(c)、(d)分别为 2[#]、3[#] 测站监测结果。

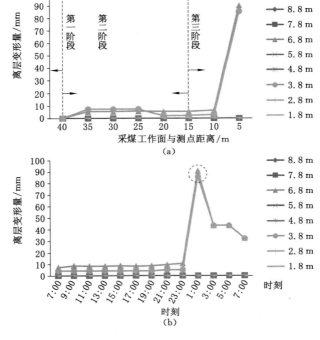

图 6-9　回采作用下 29211 回风巷顶板离层变形特征

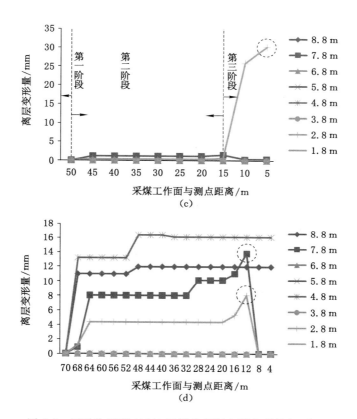

图 6-9 回采作用下 29211 回风巷顶板离层变形特征(续)

(a) 1#测站;(b) 1#测站拆除前 24 h 离层变形特征;(c) 2#测站;(d) 3#测站

对于纵向离层而言,可得:巷道不同测站顶板以上不同位置处离层变形随工作面回采影响差别悬殊较大,甚至在同一测站顶板位置处也是如此,显示离层变形具有典型区域集中性。如 1#测站,在距采煤工作面 5 m 位置处,顶板 6.8 m 深基点以下离层达到 90.9 mm,其次为 3.8 m 处基点以下顶板离层值为 86 mm,而其他位置处离层变形为 0;在 2#测站,在距采煤工作面 15 m 处,在 7.8 m 和 2.8 m 处离层值分别为 1.5 mm 和 0.6 mm,而其余基点处离层值显示为 0;在 3#测站,距采煤工作面 16 m 处,顶板 8.8 m、7.8 m、4.8 m 和 2.8 m 处基点离层值分别为 12 mm、11 mm、16.1 mm 和 5.3 mm,而其余基点离层值为 0。另一方面,工作面回采过程中一部分测点顶板不同位置离层值显示均为 0,顶板表面位移出现变化,说明当煤层较硬、支护结构稳定时,部分区域出现顶板整体变形,在煤层节理处或煤层和夹层处没有出现离层域,而当煤体承受高支承应力时,顶煤大量破碎,顶板出现较大变形,离层仍显示为 0。

对于横向离层而言,可得:采煤工作面距离与顶板离层变形程度密切相关,采煤工作面距测站越近,其对应的离层变形特征越显著。以 1# 测站为例,在采煤工作面与测站之间距离大于 40 m 时,顶板纵向各基点显示均为 0,说明此时回采作用还未直接影响顶板煤矸夹层变形,可将其作为第一阶段——离层非影响区;待工作面与测站间距小于 40 m 后,部分基点处开始出现小幅离层值,但数值变化相对平缓,可将其作为第二阶段——离层影响区;当工作面与测站距离不大于 15 m 时,开采扰动作用强烈影响顶板离层变形,顶板部分基点处离层数值较大,可作为第三阶段——离层强烈影响区。另外,为了详细分析回采作用下第三阶段离层变形过程,将离层仪拆除前 24 h(即测站距工作面 3～5 m 处)记录的顶板离层变形数值进行统计,如图 6-9(b)所示,顶板离层变化较不稳定,但大体是平缓增加→快速增大到离层峰值→逐步降低的变化过程。对于 2# 测站,当采煤工作面与测站间距大于 50 m 时为第一阶段;当对应间距不大于 15 m 时,进入第三阶段,而 15～50 m 之间为第二阶段。

由于巷道不同位置处顶板煤岩结构存在一定差别,导致离层变形受采煤工作面扰动影响距离也会发生变化,如图 6-9(d)所示,顶板离层受工作面影响距离延伸至 70 m 处,且顶板深处多个基点显示离层值,并随工作面回采作用发生变化,在测站距工作面 20 m 处进入第三阶段,7.8 m 和 2.8 m 基点在距采煤工作面 8 m 处离层值降低为 0,说明此时顶板煤体中部分区域已由离层演变为碎裂,导致该基点煤岩呈松碎状态,进而离层降低为 0。同时,部分区域顶板从受工作面采动影响到仪器拆卸时未出现第一至第三阶段,离层值显示为 0,说明此时顶板呈现整体变形下沉现象。

通过监测、统计、分析 29211 回风巷受本工作面回采作用时顶板不同位置处离层数据和横、纵离层变形特征,可以得出以下结论:

(1)沿同一巷道走向的不同测站,与采煤工作面处于相同距离时顶板离层变形特征仍差异较大,主要是二、三阶段离层影响区,总体表现为受工作面回采作用由不明显到明显过程中相应地顶板无显著离层现象发生、影响较小和影响强烈。

(2)对于随采煤工作面影响作用下顶板出现离层变化的不同测站,大体可分为三个阶段,呈现不发生或离层变形很小→缓慢增大→快速递增过程,即:第一阶段——离层非影响区,采煤工作面与测站间距 $S_0 \geqslant (50 \sim 70)$m;第二阶段——非强烈离层影响区,采煤工作面与测站间距 $(15 \sim 20)$m$< S_0 < (50 \sim 70)$m;第三阶段——强烈离层影响区,采煤工作面与测站间距 $S_0 \leqslant (15 \sim 20)$m。具体数值随测站处顶板煤岩结构、顶板淋水等因素变化。

(3)对于同一测站顶板不同位置处离层变形差异较大,这主要与不同位置处夹层、煤层节理、锚杆(索)锚固点位置等因素有关,但离层主要发生在锚杆(索)锚固点之间煤岩层中,在锚杆锚固区域以内及锚索锚固点以上发生离层较小。

(4)当出现离层变形的测站进入第三阶段——强烈离层影响区时均出现离层峰值点现象,但出现峰值的离层位置具有一定差别,显示顶板在受强烈回采影响下顶板煤岩体不同位置处呈现变形破碎程度不一;离层从峰值处逐渐降低至某一值或 0,表面顶板破碎加剧,且由顶板表面煤体延伸至顶板内部一定深处。

3. 顶板表面位移特征

在此次 29211 回风巷 300 m 顶板离层变形监测和顶板安全性分析研究中设置 6 个测站,并在采煤工作面与对应测站间距为 90m 处开始测量顶板表面位移,采用十字断面法。主要分析回采过程中 29211 回风巷顶板表面位移变形特征,从 6 组测试数据中选出 3 组典型变形值进行分析,如图 6-10 所示。

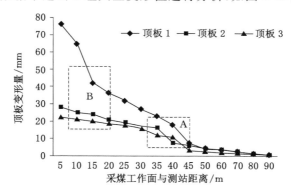

图 6-10　回采作用下 29211 回风巷顶板变形特征

从图 6-10 可得:

(1)顶板表面位移受工作面回采因素影响显著,在工作面距测站 35～45 m 时顶板变形速度明显增加,但总体变形量较小,如图中 A 区域;在距离为 10～20 m 时,变形速度增大,如图中 B 区域,变形量持续增加。

(2)不同测站顶板变形量大小具有一定差别,顶板最大下沉量为 76 mm,最小下沉量为 22 mm,整体顶板变形量不大,在采动影响因素一致的情况下,变形量差别主要与顶板煤岩结构特征、邻近硐室开掘扰动等其他因素有关。

(3)当变形量测站与采煤工作面距离在 20 m 以内时,监测发现不同位置顶煤松碎情况出现差别,顶板变形量大小及变形速度与松散煤岩体向顶板深部扩散距离有密切关系。当扩散距离大,锚杆(索)对碎裂煤岩体变形控制弱,变形量较大;反之变形量相对较小。如图 6-11 所示。

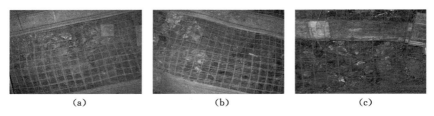

图 6-11　不同位置处顶板煤体变形情况

（a）较完整；（b）较碎裂；（c）碎裂

三、29211 回风巷顶板安全性判定

结合 29211 回风巷生产地质条件及顶板离层变形和表面位移量监测数据，利用前文研究开发的特厚煤层巷道顶板安全性评价分析软件对 29211 回风巷顶板在现有支护方案下的安全性进行判定，如图 6-12 所示，可以看出：顶板处于"安全"区间，支护稳定性强，无需加强支护，支护方案良好。

特厚煤层巷道顶板支护安全性判定

特厚煤层巷道顶板支护安全性判定参数录入与计算判定

离层值（mm）：	55
离层速度（mm/d）：	15
离层主要位置：	锚杆索锚固点间
夹层厚度（m）：	0.4
煤层节理度（条/m3）：	25
煤层强度：	硬煤
顶板变形速度（mm/d）：	12
顶板变形量（mm）：	76
煤层与夹层受水影响情况：	较弱
顶板受高应力或动压影响程度：	一般

计算　　返回

（a）

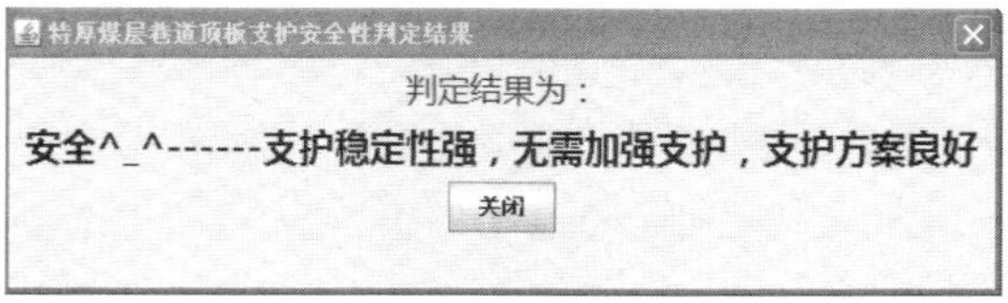

特厚煤层巷道顶板支护安全性判定结果

判定结果为：

安全^_^------支护稳定性强，无需加强支护，支护方案良好

关闭

（b）

图 6-12　29211 回风巷顶板支护安全性判定

（a）参数输入；（b）判定结果

第二节　软弱厚顶煤大跨度开切眼工程实例

一、生产地质条件

中煤金海洋公司五家沟煤矿 5203 工作面主采 5# 煤,前文已对 5# 煤物理力学性质在实验室进行测定研究,煤块单轴抗压强度为 8.36 MPa,劈裂拉伸强度为 1.29 MPa,黏聚力为 3.75 MPa,煤块整体强度较低。5# 煤层节理裂隙十分发育,含夹矸 2～3 层,夹矸厚度为 0.1～0.38 m,主要为高岭石黏土矿物,为层状构造。5# 煤层以上分别为砂质页岩和粗砂岩,厚度分别为 2.19 m 和 1.62 m,如图 6-13 所示,5203 开切眼埋深为 250 m,沿煤层底板掘进,矩形断面布置,宽×高＝9.0 m×3.5 m,开切眼顶煤平均厚度达 10.7 m,属典型特厚软煤顶大跨度沿底巷道。

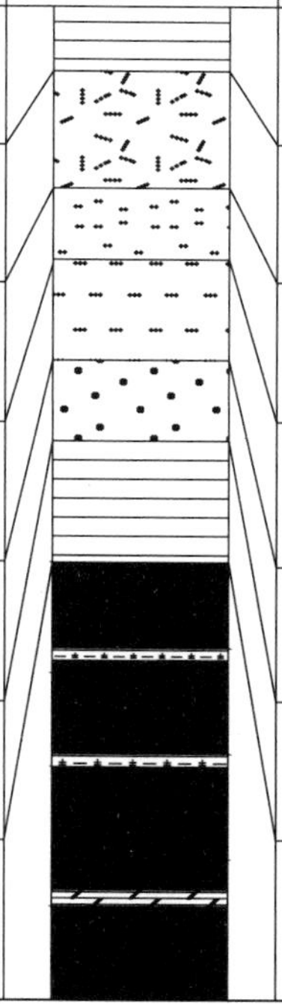

距煤巷顶板厚度/m	厚度/m	岩石名称	岩层柱状	岩性描述
25.16	>1.75	砂质页岩		灰黑色,薄页状或薄片层状节理,含砂岩及碳酸钙成分,夹杂石英及长石碎屑,较破碎。
23.41	1.93	粉砂岩		灰白色,石英、长石胶结,致密,饱和。水平层理清晰。
21.48	1.54	中砂岩		灰白色,以石英、长石为主,稍密,分选性好,级配差。均粒结构。
19.94	1.86	细砂岩		灰白色,块状,石英、长石发育,含菱铁矿结核。分选、滚圆度中等,硅泥质胶结。
18.08	1.62	粗砂岩		灰白色,中密,饱和,由长石-石英质砂组成。中间含有砾石颗粒,粒径在 5～10 mm 之间,零星可见卵石颗粒。
16.46	2.19	砂质页岩		灰黑色,薄页状或薄片层状节理,含砂岩及碳酸钙成分,夹杂石英及长石碎屑,较破碎。
14.27	14.27	5#煤		煤层呈黑色,以半亮型煤为主,夹半暗型煤条带。夹矸2～3层,厚度为0.10～0.38 m,为高岭石黏土矿物,构造为层状、块状。

图 6-13　5203 开切眼煤层综合柱状图

二、软厚煤顶大跨度巷道控制难题及策略

(一)顶板支护难题

由于存在煤层强度低、煤层节理裂隙发育及巷道跨度大等巷道煤岩地质或结构复杂因素,采用普通锚杆(索)联合支护下5203开切眼顶板控制将十分困难。通过调研相邻工作面5201的开切眼锚杆(索)支护状况,在开切眼掘进过程中多处顶板发生严重下沉,部分区域锚杆(索)支护系统破坏、钢带撕裂,现场采用补加密集锚杆(索)支护强化措施;由于跨度超大,难以有效保障顶板支护稳定性和安全性,对于软厚煤顶大跨度巷道普通锚杆(索)支护而言,顶板主要存在以下控制难题:

(1)顶板支护结构稳定性弱,离层区域多,离层变形值大。由于煤层软弱,节理、裂隙发育,锚杆支护下顶板控制范围小、锚索呈点支护,预应力传播分散度大,整体锚杆(索)联合支护协调性较弱,在特大跨度条件下,难以控制顶板整体下沉和离层。特厚煤顶中夹多处软弱薄岩层,煤层和软弱岩层的物理力学性质差异大,在支护结构较弱情况下,两者界面及煤层节理处产生离层域,并随服务时间增加而延伸、扩大,顶板中呈现多区域离层、离层域大的不稳定状态。

(2)帮与顶协同控制能力弱,顶帮角剪切破坏性大。由于巷道顶板与两帮均为煤体,当两帮锚杆形成的帮锚固体结构难以有效抵抗松软煤体向巷道内持续变形时,顶帮角锚杆在帮和顶板变形过程中承受强大的剪切力,易发生松脱和滑落。

(3)特大断面浅顶板中部煤体承受拉应力大,变形大,受扰动敏感性强。由于巷道跨度大,煤体松软,巷道开掘支护后在浅顶板中部形成大拉应力区,煤体节理裂隙发育,顶板下沉量大,尤其对于普通锚杆(索)支护,当形成的锚固体强度较低或支护结构出现破坏时,变形将快速增大,影响顶板支护安全性。同时,巷道走向方向浅顶板中部煤体间受绕变形敏感性强,顶板局部发生冒顶或大变形易造成更大面积的破坏和冒落现象。

(二)控制策略分析

针对上述支护难题,在结合第四章对特厚煤层沿底巷道顶板控制技术研究的基础上,考虑煤层软弱、节理裂隙十分发育,采用"多支护结构体"系统中的第一类,即锚杆支护体为基础支护、锚索-锚索桁架强化支护。根据第三章对特厚煤层巷道离层变形结构布置类关键影响因素的分析结果,在埋深较小的情况下,跨度对离层影响变形最显著,因此首先需要降低大跨度对顶板变形的影响。对于煤矸性质类因素而言,支护过程中需降低煤层节理裂隙和煤层强度对顶板离层变形的影响。而对于支护参数类因素而言,需要考虑合理加大顶板锚杆长度,

控制锚杆及锚索间距。对于 5203 大跨度软煤厚顶板开切眼,具体控制策略如图 6-14 所示,通过两次成型有效降低超大跨度中部拉应力破坏作用;对于单次成型巷道而言,通过高预应力长锚杆在浅部顶板形成厚板结构以及单锚索-桁架锚索联合支护形成深顶板索块体承载结构,从而大幅降低软弱节理煤体整体变形和锚杆(索)锚固点间离层发展。

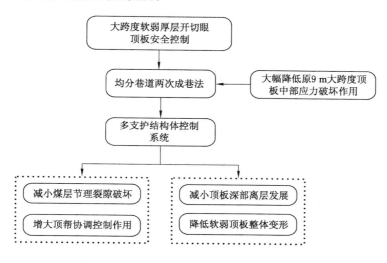

图 6-14 5203 开切眼顶板控制总体支护流程

三、支护技术方案

根据 5203 开切眼顶板总体控制思路,并结合现场调研、工程类比及支护参数数值模拟结果,最终确定出 5203 开切眼支护方案。采用两次成型方法,均为矩形布置,宽×高=4.5 m×3.5 m,先掘进实体煤帮侧,再掘进采空煤帮侧,成型后即为 9 m 大跨度开切眼,顶板主要支护参数如下:① 浅顶板锚杆厚板结构支护参数:锚杆规格为 $\phi18$-L2400mm 左旋螺纹钢,排间距为 1 000 mm×1 000 mm,预紧力矩≥220 N·m。② 深顶板索块体承载结构支护参数:单体锚索和桁架锚索规格为 $\phi17.8$-L9400mm 钢绞线,与采空侧和实体侧煤帮距离均为 2 250 mm,排距为 4 000 mm,预紧力为 120 kN;桁架锚索采用专用连接器及锁具连接,桁架锚索孔口距离为 2 250 mm。

四、顶板矿压观测结果

在第二次成型过程中,设置 3 个变形量测站,相邻测站间距为 50 m,采用十字断面法对 5203 开切眼顶板表面位移情况进行跟踪观测,在对各测站监测 30 d

内,顶板变形量最大值为 95 mm,顶板最大变形速度为 9 mm/d,顶板在 20 d 左右变形速度放缓收敛,后趋于稳定。由于 5203 大跨度开切眼服务时间短,在现场采用普通离层仪测量离层变形值,相邻离层仪间距为 30 m,深、浅基点分别为 2.5 m 和 8.0 m,离层值不大于 35 mm,离层最大变形速度为 6 mm/d。

五、顶板支护安全性综合判定

结合典型软弱厚顶煤大跨度巷道——5203 开切眼生产地质条件及顶板离层变形和表面位移量监测数据,利用开发的特厚煤层巷道顶板安全性评价分析软件对 5203 开切眼顶板在设计支护方案下安全性进行综合判定,如图 6-15 所示,可以看出:顶板处于"安全"区间,顶板支护稳定性强,无需采取加强支护方案,支护效果良好。

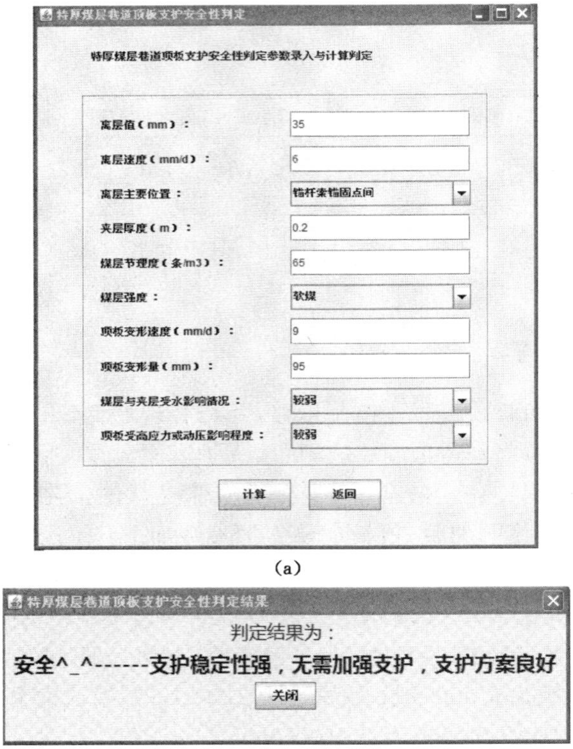

(a)

(b)

图 6-15　5203 开切眼顶板支护安全性判定

(a) 参数输入;(b) 判定结果

第三节　本　章　小　结

（1）结合平朔集团井工二矿 29211 回风巷生产地质条件，利用"横纵交叉"型离层监测方法设计建立在线离层监测系统。其中横向离层特征而言，相邻离层仪间距设置为 20 m，深、浅离层基点分别设置为 7.8 m 和 2.8 m；对于纵向离层特征而言，相邻离层仪间距设置为 1.5 m，深、浅基点分别设置为 8.8 m、6.8 m、5.8 m 和 1.8 m、3.8 m、4.8 m。

（2）现场离层数据监测结果显示，锚杆（索）锚固点间离层孕育比例为 67%，锚索锚固点外和锚杆锚固点内离层比例分别为 16% 和 17%；测点与采煤工作面间距离在 50 m 以外时孕育比例为 25%，在 50 m 以内时比例为 75%，说明离层值主要发生在锚杆（索）锚固点间以及测点距采煤工作面 50 m 以内。

（3）29211 回风巷横纵离层变形特征表现为：

① 沿同一巷道走向的不同测站，与采煤工作面处于相同距离时顶板离层变形特征仍差异较大，主要是二、三阶段离层影响区，总体表现为离层受工作面回采作用无离层现象发生、影响较小和影响强烈。

② 对于随采煤工作面影响作用下顶板出现离层变化的不同测站，大体可分为三个阶段，呈现不发生或离层变形很小→缓慢增大→快速递增过程，即：第一阶段——离层非影响区，采煤工作面与测站间距 $S_0 \geqslant (50 \sim 70)$ m；第二阶段——非强烈离层影响区，采煤工作面与测站间距 $(15 \sim 20)$ m $< S_0 < (50 \sim 70)$ m；第三阶段——强烈离层影响区，采煤工作面与测站间距 $S_0 \leqslant (15 \sim 20)$ m。具体数值随测站处顶板煤岩结构、顶板淋水等因素变化。

③ 对于同一测站顶板不同位置处离层变形差异较大。这主要与不同位置处夹层、煤层节理、锚杆（索）锚固点位置等因素有关，但离层主要发生在锚杆（索）锚固点之间煤岩层中，在锚杆锚固区域以内及锚索锚固点以上发生离层较小。

④ 当出现离层变形的测站进入第三阶段——强烈离层影响区时均出现离层峰值点现象，但出现峰值的离层位置具有一定差别，显示顶板在受强烈回采影响下顶板煤岩体不同位置处变形破碎程度不一；离层从峰值处逐渐降低至某一值或 0，表明顶板破碎加剧，且由顶板表面煤体延伸至顶板内部一定深处。

（4）结合金海洋公司五家沟矿 5203 开切眼生产地质条件，分析得出软弱厚顶煤大跨度巷道控制难题为：① 顶板支护结构稳定性弱，离层区域多、离层变形值大；② 帮与顶协同控制能力弱，顶帮角剪切破坏性大；③ 浅顶板中部煤体承受拉应力大，变形大，受扰动敏感性强。

（5）结合"多支护结构体"控制系统及特厚煤层巷道顶板关键影响因素分析结果，提出 5203 开切眼控制总体方案为：巷道分次成型→高预应力长锚杆在浅部顶板形成厚板结构→单锚索-桁架锚索联合支护形成深顶板索块体承载结构，并设计确定顶板锚杆（索）具体支护参数。

（6）利用特厚煤层巷道顶板安全性评价分析系统分别对 29211 回风巷和 5203 开切眼顶板进行判定，评价分值分别为 0.184 5 和 0.287 4，均处于"安全"级别。

第七章 结论及后续研究工作

第一节 主 要 结 论

本书综合了大量现场调研实测、数值模拟计算、实验室测试、力学模型计算及理论研究方法,围绕特厚煤层巷道厚煤顶变形机理和控制系统两个关键问题,分别对特厚煤层巷道变形特征及其变形关键影响因素、顶板灾变发展机理、特厚煤层顶板离层定义、离层变形机理、离层关键影响因素、离层科学监测方法、顶板安全性评价综合指标、顶板安全性分析评价系统、顶板控制策略及具体控制系统等问题开展了一系列研究,并在现场典型煤巷应用实践,取得了如下结论:

(一)特厚煤层巷道顶板灾变发展过程及离层变形机理

(1)研究发现特厚煤层顶板灾变发生主要是由于厚煤层中夹多层软弱岩层,且包含密集的层理、微裂隙、节理等非连续结构,灾变发展过程为:离层(具有较大强度)→破断(具有一定强度)→碎裂(基本无强度)→垮冒,且首次发现厚煤层顶板离层不仅存在于煤与夹矸层界面间,在煤层内部非连续结构处同样存在,因此对顶板离层的研究和控制成为关键。

(2)特厚煤层巷道顶板离层机理研究分为无支护和锚杆(索)支护类型。对于顶板无支护时,分别采用莫尔圆和采场中老顶岩梁关键层理论研究煤体内部沿煤层层面方向非连续结构体的增多和分离径长的扩大产生离层机理和煤与夹矸层间离层机理;对于锚杆(索)支护时,结合力学计算和理论分析方法分别对单一锚杆支护、单一锚索支护和锚杆(索)联合支护下顶板离层变形机理开展研究。

(3)从支护参数类、煤矸性质类、巷道结构布置类三方面将影响特厚煤层顶板离层因素进行分类,并利用 UDEC4.0 离散型软件对正交实验设计得出的 50 个方案进行模拟计算分析,综合得出影响离层变形的 6 个关键影响因素:锚杆长度、锚杆间距、煤层节理度、煤层强度、埋深、顶板水或断层、褶皱等综合因素。

(二)特厚煤层巷道顶板控制技术和离层监测方法

(1)提出控制特厚煤层顶板的"多支护结构体"系统,主要由锚杆支护系统形成1级基本结构体、单体锚索和桁架锚索支护系统或短锚索为2级强化结构体,并对"多支护结构体"系统形成的全煤顶帮协同控制结构、浅顶板锚固体厚板结构和深顶板索块体承载结构进行详细分析;研究了浅顶板预应力分布特征、顶帮角锚杆破坏形式、锚索桁架控制机制,得出了浅顶板锚杆安全支护力、顶板最小锚固体厚度及顶锚索桁架最小预紧力计算公式。

（2）针对现有特厚煤层巷道顶板离层监测方法存在的问题,提出了"横纵交叉"型离层监测方法概念,详细分析其理念及监测方法。其中横向而言分成横纵交叉组测站和单一离层测站,每隔两个单一离层测站后布置一个交叉组测站,交叉组测站中包含 1 个分析横向离层特征的离层仪;纵向而言通过将 4 个监测仪共计 8 个基点固定在顶板煤岩不同位置处,监测分段位置处离层值。

（三）特厚煤层巷道顶板安全判定方法及其判定系统

（1）研究得出现有顶板安全性评判指标的不足主要表现为:离层临界值测定模糊且不同煤岩顶板结构变化范围较大;顶板煤层中离层变化难以通过锚杆载荷/应力大小真实反映出来;在离层空间达到一定值或松动破碎范围超过原有接触空间范围时才逐步以顶板变形方式表现出来,且煤岩体内部应力作用下剪切错动破坏,或煤体内部不同位置节理延伸扩展均难以通过顶板表面下沉值判别。

（2）提出评判特厚煤层巷道顶板安全性的"离层类"综合指标,主要包括离层相关变形值指标、煤与夹层性质指标、顶板变形指标和煤与夹层外部地质生产环境指标四大类指标,并对其指标具体内容开展研究。

（3）结合层次分析法对提出的"离层类"综合指标计算分析,得出特厚煤层巷道顶板支护安全分区和安全评价因子,在此基础上,开发出一套特厚煤层巷道顶板支护安全性判定系统。

（四）典型特厚煤层巷道工程实践

主要包括采动影响下特厚煤层巷道——平朔集团井工二矿 29211 回风巷顶板离层变形特征研究和顶板安全性判定,以及软弱厚顶煤大跨度巷道——金海洋公司 5203 开切眼支护实验和安全性判定。

（1）29211 回风巷顶板离层变形特征为:锚杆（索）锚固点间离层孕育比例为 67%,测点与采煤工作面间距离在 50 m 以内时离层发生比例为 75%,说明离层主要发生在锚杆（索）锚固点间以及测点距采煤工作面 50 m 以内;沿同一巷道走向的不同测站,与采煤工作面处于相同距离时顶板离层变形特征仍差异较大;对于随采煤工作面影响作用下顶板出现离层变化的不同测站,大体可分为 3个阶段;对于同一测站顶板不同位置处离层变形差异较大;当出现离层变形的测站进入第三阶段时均出现离层峰值点现象。

（2）利用"多支护结构体"系统在金海洋公司 5203 开切眼开展支护实验,取得了良好的控制效果;采用开发的特厚煤层巷道顶板安全性判定系统对井工二矿 29211 回风巷和金海洋公司 5203 开切眼顶板安全程度进行了判定。

第二节　后续研究工作

本书通过对特厚煤层巷道顶板变形机理及支护系统的研究,取得了一定的进展。结合大量现场调研实测、数值模拟分析、理论分析方法得出了特厚煤层巷道顶板垮冒具有较强突发性及巷道稳定性关键在于保持厚顶煤(含夹矸)结构稳定等结论;研究了顶板从初始到灾变破坏的全过程,得出了顶板引起特厚煤层巷道顶板变形关键是厚煤层中夹多层软弱岩层,且包含密集的层理、微裂隙、节理等非连续结构;在此基础上,给出了特厚煤层巷道顶板离层定义、锚杆(索)支护下顶板离层孕育机理、离层监测新方法及关键影响因素;另外,结合力学计算和理论分析方法,提出了控制特厚煤层巷道顶板支护新方法,并对形成的支护结构进行研究,开发了特厚煤层巷道顶板支护安全性判定系统,并对设计支护方案进行安全性判定,取得了一定的成果。但是对厚煤顶变形机理和支护技术还值得做进一步研究:

(1) 对于特厚煤层巷道锚杆(索)支护下离层变形机理,仅建立一般分析模型,从定性上进行分析,缺乏理论计算,从定量上深入探讨。

(2) 运用"横纵交叉"型监测方法分析统计的采动作用下巷道顶板离层变形特征,仅在特定矿山中监测得出,有待于在多个其他典型矿井验证和完善。

(3) 书中分别对组成特厚煤层顶板的典型煤样和夹层进行实验分析,不够充分,缺乏对煤和软弱夹层形成的多种组合体开展实验研究。

(4) 开发了特厚煤层巷道顶板支护安全性分析判定系统,对顶板支护安全性进行了分区,但对处于危险和特别危险区域下顶板缺乏加强控制措施研究,有待于进一步分析完善。

(5) 提出的锚杆-锚索-索桁架"多支护结构体"控制技术能有效控制特厚煤层巷道顶板变形,但缺乏对两帮煤体支护方式理论和实验研究,有待于从系统控制角度,通过实验、模拟及理论分析,寻求控制特厚煤层巷道两帮、顶板最优化技术。

参 考 文 献

[1] Bigby D N. Developments in British rockbolting technology[J]. Mining Science and Technology,1991,12(3):233-240.

[2] Chen Shougen,Gu Hua. Numerical simulation of bed separation development and grout injecting into separations[J]. Geotechnical and Geological Engineering,2008,26(3):375-385.

[3] Gale W J,Blackwood R L. Stress distribution and rock failure around coal mine roadway[J]. International Journal of Rock Mechanics and Mining Sciences and Geomechanics Abstracts,1987,24(3):181-197.

[4] Goodman R E,Taylor R L,Brekke T L. A modle for themechanics of jointed rock[J]. Journal of Soil Mechanics and Foundations Div,1968(94):637-659.

[5] Gregory Molinda. Reinforcing coal mine roof with polyurethane injection:4 case studies[J]. Geotechnical and Geological Engineering,2008,26(5):553-566.

[6] Hart R,Cundall P A,Lemos J. Formulation of a three dimensional distinct element model—Part Ⅱ. Mechanical Calculations for motion and interaction of a system composed of many polyhedral blocks[J]. International Journal of Rock Mechanics and Mining Sciences,1988,25(3):117-125.

[7] He Fulian,Yin Dongpin,Yan Hong,et al. Study on the coupling system of high prestress cable truss and surrounding rock on a coal roadway[C]// The 5th International Symposium on In-situ Rock Stress. Beijing:CRC Press,2010:643-646.

[8] He Fulian,Yin Dongpin,Yan Hong,etc. The control of thick compound roof caving on a coal roadway[C]//International Conference on Mine Hazards Prevention and Control. Qingdao:Atlantis Press,2010:717-721.

[9] Hebblew B K,Lu T. Geomechanical behaviour of laminated,weak coal mine roof strata and the implications for a ground reinforcement strategy

[J]. International Journal of Rock Mechanics and Mining Sciences,2004,41
(1):147-157.

[10] Henryk Gi. The theory of strata mechanics[M]. Polish:Polish Scientific
Publishers,2001.

[11] Itasa Consulting Group,Ins. FLAC Version 1. 8,1992.

[12] Jayanthu S,Singh T N,Singh D P. Stress distribution during extraction of
pillars in a thick coal seam[J]. Rock Mechanics and Rock Engineering,
2004,37(3):171-192.

[13] Kulatilake P H S W,Bvalya Malama,Wang J L. Physical and particle flow
modeling of jointed rock block behavior under uniaxial loading[J]. Inter-
national Journal of Rock Mechanics and Mining Engineering, 2001, 38
(1):641-657.

[14] Lawrence W. A method for the design of longwall gateroad roof support
[J]. International Journal of Rock Mechanics and Mining Sciences,2009,
46(4):789-795.

[15] Li Jianping,He Fulian,Yan Hong,et al. The caving and sliding control of
surrounding rocks on large coal roadways affected by abutment pressure
[J]. Safety Science,2012,50(4):773-777.

[16] Lin S. Displacement discontinuities and stress changes between roof strata
and their influence on longwall mining under aquifers[J]. Geotechnical
and Geological Engineering,1993,11(1):37-50.

[17] Liu Hongtao,Ma Nianjie,Zhao Feifu,et al. New bolting structure of frac-
tured roof based on the Bossinesq equations[J]. Mining Science and Tech-
nology(China),2010,20(2):260-265.

[18] Moore R K. Developments in rock bolting technology[J]. International
Journal of Rock Mechanics and Mining Sciences and Geomechanics Ab-
stracts,1983,20(5):163-166.

[19] Nazimko V V,Lapteev A A,Sazhnev V P. Rock mass self-supporting effect uti-
lization for enhancement stability of a tunnel[J]. International Journal of Rock
Mechanics and Mining Sciences,1997,34(3-4),223(e1-e11).

[20] Palei S K,Das S K. Sensitivity analysis of support safety factor for predic-
ting the effects of contributing parameters on roof falls in underground
coal mines [J]. International Journal of Coal Geology, 2008, 75 (4):
241-247.

[21] Pellet F,Egger P. Analytical model for the mechanical behaviour of bolted rock joints subjected to shearing [J]. Rock Mechanics and Rock Engineering,1996,29(2):73-97.

[22] Priest Stephen D. Discontinuity analysis for rock engineering[M]. London:Chapman and Hall,1993.

[23] Saaty T L. The analytic network process[M]. USA:RWS Publications,1996.

[24] Santanu Majumder,Swapan Chakrabarty. The vertical stress distribution in a coal side of a roadway—an elastic foundation approach[J]. Mining Science and Technology,1991,12(3):233-240.

[25] Singh M,Singh B. A strength criterion based on critical state mechanics for intact rocks[J]. Rock Mechanics and Rock Engineering,2005,38(3): 243-248.

[26] Song Guo,Stankus J. Control mechanism of a tensioned bolt system in the laminated roof with a large horizontal stress[C]//16th International Conference on Ground Control in Mining. Morgantown,West Virginia,1997: 93-98.

[27] Stankus John C,Peng Syd S. A new concept for roof support[J]. Coal Age,1996,101(9):67-70.

[28] Stille Hakan. Rock support in theory and practice[C]//International SYMP On Rock Support,1992.

[29] Tan Y L,Yu F H,Chen L. A new approach for predicting bedding separation of roof strata in underground coalmines[J]. International Journal of Rock Mechanics and Mining Sciences,2013(61):183-188.

[30] Thomas L Satty. Highlights and critical points in the theory and application of the analytic hierarchy process[J]. European Journal of Operational Research,1994,74(3):426-447.

[31] Unal E,Ozkan I,Cakmakci G. Modeling the behavior of longwall coal mine gate roadways subjected to dynamic loading[J]. International Journal of Rock Mechanics and Mining Sciences,2001,38(2):181-197.

[32] Unala E,Ozkanb I,Cakmakcia G. Modeling the behavior of longwall coal mine gate roadways subjected to dynamic loading[J]. International Journal of Rock Mechanics and Mining Sciences,2001,38(2):181-197.

[33] Willians P. The development of rock bolting in UK coal mines[J]. Mining Engineering,1994,392(153),307-312.

[34] Xiong renqin. Research on the bolt supporting principal of developing entry[J]. Journal of Coal Science and Engineering, 2004, 10(2): 23-27.

[35] Yan Hong, He Fulian. A new cable truss support system for coal roadways affected by dynamic pressure[J]. International Journal of Mining Science and Technology, 2012, 22(5): 613-617.

[36] Yang Z Y, Chen J M, Huang T H. Effect of joint sets on the strength and deformation of rock mass models[J]. International Journal of Rock Mechanics and Mining Engineering, 1998, 35(1): 75-84.

[37] Syd S Peng. 岩层控制失效案例图集[M]. 柏建彪, 译. 徐州: 中国矿业大学出版社, 2009.

[38] 安智海, 武龙飞. 巷道顶板离层方式及主要影响因素[J]. 煤炭科技, 2008, 6(1): 16-18.

[39] 柏建彪, 侯朝炯, 杜木民, 等. 复合顶板极软煤层巷道锚杆支护技术研究[J]. 岩石力学与工程学报, 2001, 20(1): 53-56.

[40] 鲍莱茨基, 胡戴克. 矿山岩体力学[M]. 于振海, 刘天泉, 译. 北京: 煤炭工业出版社, 1985.

[41] 曹卫军. 顶板离层自动监测报警装置在深部巷道中的应用[J]. 煤炭科技, 2010, 8(4): 93-94.

[42] 陈庆敏, 郭颂, 张农. 煤巷锚杆支护新理论与设计方法[J]. 矿山压力与顶板管理, 2002(1): 12-15.

[43] 陈庆敏, 金太. 锚杆支护的"刚性"梁理论及其应用[J]. 矿山压力与顶板管理, 2000, 6(1): 1-4.

[44] 陈勇, 柏建彪, 李传坤. 顶板离层主要影响因素分析[J]. 能源技术与管理, 2007, 12(6): 29-31.

[45] 董方庭. 巷道围岩松动圈支护理论及应用技术[M]. 北京: 煤炭工业出版社, 2001.

[46] 方祖烈. 拉压域特征及主次承载区的维护理论[C]//世纪之交软岩工程技术现状与展望. 北京: 煤炭工业出版社, 1999: 48-51.

[47] 高峰, 李纯宝. 复合顶板巷道变形破坏特征与锚杆支护技术[J]. 煤炭科学技术, 2011, 39(8): 23-25.

[48] 高明仕, 郭春生, 李江峰, 等. 厚层松软复合顶板煤巷梯次支护力学原理及应用[J]. 中国矿业大学学报, 2011, 40(3): 333-338.

[49] 勾攀峰. 巷道锚杆支护提高围岩强度和稳定性的研究[D]. 徐州: 中国矿业大学, 1998.

特厚煤层沿底巷道顶煤变形机理与控制技术

[50] 郭德勇,周心权.煤层顶板稳定性预测构造解析法研究与应用[J].煤炭学报,2002,27(6):586-590.

[51] 韩昌良,张农,李桂臣,等.覆岩分次垮落时留巷顶板离层形成机制[J].中国矿业大学学报,2012,41(6):893-899.

[52] 郝英奇,王爱兰,吴德义.深部开采煤巷复合顶板层间离层确定[J].广西大学学报(自然科学版),2010,35(6):914-919.

[53] 郝玉龙,陈云敏,王军.综放特厚煤层回采巷道围岩冒顶机理分析及控制技术的实验研究[J].矿业安全与环保,2000,27(5):12-13.

[54] 何富连,严红,杨绿刚.淋水碎裂顶板煤巷锚固实验研究与实践[J].岩土力学,2011,32(9):2591-2595.

[55] 何富连,殷东平,严红,等.采动垮冒型顶板煤巷强力锚索桁架支护系统实验[J].煤炭科学技术,2011,39(2):1-5.

[56] 何满潮,袁和生,靖洪文.中国煤矿锚杆支护理论与实践[M].北京:科学出版社,2004.

[57] 何满潮.中国煤矿软岩粘土矿物特征研究[M].北京:煤炭工业出版社,2006.

[58] 侯朝炯,郭宏亮.我国煤巷锚杆支护技术的发展方向[J].煤炭学报,1996,21(2):113-118.

[59] 侯晋亮.顶板离层监测报警系统在古书院矿的应用[J].山西煤炭,2009,26(2):45-46.

[60] 胡社荣,蔺丽娜,黄灿.超厚煤层分布与成因模式[J].中国煤炭地质,2011,23(1):1-5.

[61] 黄达,康天合,段康廉.水平应力对巷道软弱互层顶板岩体破坏的数值模拟研究[J].太原理工大学学报,2004,35(3):299-303.

[62] 黄夫宽,王显森.LBYⅢ型顶板离层指示仪在五沟煤矿中的应用[J].山西建筑,2007,33(11):340-341.

[63] 黄庆享.浅埋煤层长壁开采顶板控制研究[M].徐州:中国矿业大学出版社,1998.

[64] 贾明魁.锚杆支护煤巷冒顶成因分类新方法[J].煤炭学报,2005,30(5):568-570.

[65] 贾明魁.锚杆支护煤巷冒顶事故研究及其隐患预测[D].北京:中国矿业大学(北京),2005.

[66] 贾明魁.岩层组合劣化型冒顶机制研究[J].岩土力学,2007,28(7):1343-1347.

[67] 鞠文君.急倾斜特厚煤层水平分层开采巷道冲击地压成因与防治技术研究 [D].北京:北京交通大学,2009.

[68] 鞠文君.锚杆支护巷道顶板离层机理与监测[J].煤矿学报,2000,12(A1): 58-61.

[69] 阚甲广,张农,李桂臣,等.深井大跨度切眼施工方式研究[J].采矿与安全 工程学报,2009,26(2):163-167.

[70] 康红普,王金华,林健.高预应力强力支护系统及其在深部巷道中的应用 [J].煤炭学报,2007,32(12):1233-1238.

[71] 康红普.煤巷锚杆支护理论与成套技术[M].北京:煤炭工业出版社,2007.

[72] 康红普.巷道围岩的关键圈理论[J].力学与实践,1997,19(1):34-36.

[73] 康立勋,杨双锁.全煤巷道拱形整体锚固结构稳定性分析[J].矿山压力与 顶板管理,2002,6(3):19-21.

[74] 孔恒,马念杰,王梦恕,等.基于顶板离层监测的锚固巷道稳定性控制[J]. 中国安全科学学报,2002,12(3):55-58.

[75] 李冰冰,苏正江,李德忠.回采巷道顶板离层临界值分析[J].煤炭科技, 2008,6(1):37-40.

[76] 李大伟,侯朝炯,柏建彪.大刚度高强度二次支护巷道控制机理与应用[J]. 岩土工程学报,2008,30(7):1072-1078.

[77] 李广余.煤巷用锚索治帮固底研究[J].矿山压力与顶板管理,2004,4(1): 22-26.

[78] 李桂臣.软弱夹层顶板巷道围岩稳定与安全控制研究[D].徐州:中国矿业 大学,2008.

[79] 李磊.大断面托顶煤巷道灾变机制与控制技术研究[D].徐州:中国矿业大 学,2013.

[80] 李立波.复杂特厚煤层大采高工作面巷道稳定性研究[D].西安:西安科技 大学,2010.

[81] 李凌.中国绿色能源战略与可持续发[EB/OL].http://finance.sina.com. cn/g/20080617/00464987709.shtml.

[82] 李明,茅献彪,王鹏,等.巷道围岩层裂板结构稳定性分析[J].矿业安全与 环保,2011,38(1):10-16.

[83] 李明旭,王富奇,蒋敬平.KZL-300巷道顶板离层自动报警监测系统[J].山 东煤炭科技,2003,6(2):31-32.

[84] 李术才,王琦,李为腾,等.深部厚顶煤巷道让压型锚索箱梁支护系统现场 试验对比研究[J].岩石力学与工程学报,2012,31(4):656-666.

[85] 李唐山,黄侃.锚梁网巷顶板离层机理和观测数据处理[J].煤矿开采,
2003,54(1):49-55.

[86] 林在康,左秀峰,涂兴子.矿业信息及计算机应用[M].徐州:中国矿业大学
出版社,2002.

[87] 刘波,韩彦辉.FLAC原理、实例与应用指南[M].北京:人民交通出版
社,2005.

[88] 刘波,李先炜,陶龙光.锚拉支架中锚杆横向效应分析[J].岩土工程学报,
1998,20(4):36-39.

[89] 刘长武,郭永峰.锚网(索)支护煤巷顶板离层临界值分析[J].岩土力学,
2003,24(A2):231-234.

[90] 刘洪涛,马念杰.煤矿巷道冒顶高风险区域识别技术[J].煤炭学报,2011,
36(12):2043-2047.

[91] 刘洪涛.基于锚固串群体围岩的煤巷锚杆参数设计方法研究[D].北京:中
国矿业大学(北京),2007.

[92] 刘洪涛.煤巷顶板锚固新结构及工程应用[M].北京:煤炭工业出版
社,2011.

[93] 刘锡明,张保勇,曹相证.气囊固定式新型顶板离层仪的设计思路[J].中国
矿业,2009,18(8):109-111.

[94] 陆庭侃,刘玉洲,许福胜.煤矿采区巷道顶板离层的现场观测[J].煤炭工
程,2005,12(11):62-65.

[95] 陆庭侃,刘玉洲,于海勇.采区准备巷道层状复合顶板的离层和机理[J].岩
石力学与工程学报,2005,12(8):4663-4669.

[96] 吕波.巷道顶板离层预警值确定的研究[J].煤,2010,19(11):27-29.

[97] 罗方亮,安里千,毛灵涛,等.基于莫尔技术的巷道围岩离层位移监测技术
[J].河北能源职业技术学院学报,2011,41(2):54-56.

[98] 罗应婷,杨钰娟.SPSS统计分析从基础到实践[M].北京:电子工业出版
社,2007.

[99] 马念杰,侯朝炯.采准巷道围岩控制[M].北京:煤炭工业出版社,1996.

[100] 马念杰,潘玮,李新元.煤巷支护技术与机械化掘进[M].徐州:中国矿业
大学出版社,2008.

[101] 马文栋.煤矿井下顶板离层位移检测系统的设计[D].泰安:山东科技大
学,2009.

[102] 孟宪锐,周昌兴,王鸿鹏,等.千米深部大倾角特厚煤层综放回采巷道矿压
显现规律研究[J].煤,2008,17(11):1-4.

[103] 孟召平.煤层顶板沉积岩体结构及其对顶板稳定性的影响[D].北京:中国矿业大学(北京),1999.

[104] 庞建勇,郭兰波,刘松玉.高应力巷道局部弱支护机理分析[J].岩石力学与工程学报,2004,23(12):2001-2004.

[105] 钱鸣高.矿山压力及其控制[M].北京:煤炭工业出版社,1991.

[106] 钱平皋,谢和平.巷道顶底板损伤岩层的稳定性分析[J].江苏煤炭,1992,12(3):12-15.

[107] 邱轶兵.实验设计与数据处理[M].合肥:中国科学技术大学出版社,2008.

[108] 沈荣喜,刘长武.锚网煤巷顶板离层临界值的计算和分析[J].四川大学学报,2007,39(3):19-23.

[109] 施从伟,沈有智.圭山煤矿顶板离层监测与分析[J].矿业安全与环保,2009,36(A1):107-108,110.

[110] 时连强.锚杆支护巷道离层失稳机理及控制研究[D].泰安:山东科技大学,2003.

[111] 宋玉峰,姜铁明,赵玮烨,等.煤矿用顶板离层监测装置:200920103012.1[P].2010-02-24.

[112] 苏为华.多指标综合评价理论与方法问题研究[D].厦门:厦门大学,2000.

[113] 孙训方,方孝淑.材料力学[M].北京:高等教育出版社,2002.

[114] 谭礼平.煤矿顶板离层位移监测及其变化规律的研究[D].北京:中国矿业大学(北京),2005.

[115] 谭云亮,何孔翔,马植胜,等.坚硬顶板冒落的离层遥测预报系统研究[J].岩石力学与工程学报,2006,25(8):1705-1709.

[116] 谭云亮,何孔翔,马植胜,等.坚硬顶板冒落的离层遥测预报系统研究[J].岩石力学与工程学报,2006,25(8):1705-1709.

[117] 王兵.煤巷锚杆支护围岩应力分布及顶板离层规律的研究[D].淮南:安徽理工大学,2003.

[118] 王汉鹏,李术才,李为腾,等.深部厚煤层回采巷道围岩破坏机制及支护优化[J].采矿与安全工程学报,2012,29(5):631-636.

[119] 王焕文,王继良.锚喷支护[M].北京:煤炭工业出版社,1988.

[120] 王家臣.厚煤层开采理论与技术[M].北京:冶金工业出版社,2009.

[121] 王颉.实验设计与SPSS应用[M].北京:化学工业出版社,2007.

[122] 王金华.全煤巷道锚杆锚索联合支护机理与效果分析[J].煤炭学报,2012,37(1):1-7.

[123] 王金华. 全煤巷道锚杆锚索联合支护机理与效果分析[J]. 煤炭学报, 2012,37(1):1-7.

[124] 王明恕. 全长锚固锚杆机理的探讨[J]. 煤炭学报,1983,6(1):32-40.

[125] 王鹏. 煤矿巷道顶板离层自动监测系统设计[D]. 青岛:山东大学,2010.

[126] 王卫军,彭刚,黄俊. 高应力极软破碎岩层巷道高强度耦合支护技术研究[J]. 煤炭学报,2011,36(2):223-228

[127] 王泽进,鞠文君. 锚杆支护巷道顶板离层界限值的确定[J]. 煤矿安全, 2000,12(10):28-30.

[128] 王争鸣. 新集矿区锚杆支护复合顶板离层稳定性分析[J]. 能源技术与管理,2009,12(6):38-40.

[129] 魏权,焦海朋,田水承. 深矿井巷道顶煤冒落离层机理[J]. 矿业安全与环保,2008,35(3):66-68.

[130] 吴德义,闻广坤,王爱兰. 深部开采复合顶板离层稳定性判别[J]. 采矿与安全工程学报,2011,28(2):252-257.

[131] 吴德义. 新集二矿 1608 运输巷顶板离层特征分析[J]. 煤炭科学技术, 2010,12(8):18-21.

[132] 谢建林,许家林,李晓林. 顶板离层监测的地质雷达物理模拟衰减分析[J]. 中国煤炭,2011,37(5):51-54.

[133] 谢建林,许家林,朱卫兵. 离层型顶板事故的临界离层面积预警判据研究[J]. 采矿与安全工程学报,2012,29(3):396-399.

[134] 严红,何富连,段其涛. 淋涌水碎裂煤岩顶板煤巷破坏特征及控制对策研究[J]. 岩石力学与工程学报,2012,31(3):524-533.

[135] 严红,何富连,王思贵. 特大断面巷道软弱厚煤层顶板控制对策[J]. 岩石力学与工程学报,2014,33(5):1014-1024.

[136] 严红,何富连,徐腾飞,等. 高应力大断面煤巷锚杆索桁架系统实验研究[J]. 岩土力学,2007,33(A2):257-262.

[137] 严红,何富连,徐腾飞,等. 煤巷围岩数字型监测装备的分析与实践[C]// 采矿与安全科学技术研究论文集. 北京:煤炭工业出版社,2011.

[138] 严红,何富连,徐腾飞. 深井大断面煤巷双锚索桁架控制系统的研究与实践[J]. 岩石力学与工程学报,2012,31(11):2248-2257.

[139] 严红,何富连,张守宝,等. 垮冒煤巷顶板模拟分析与支护研究[J]. 中国煤炭,2011,36(10):43-47.

[140] 严红. 一种偏心式复合托盘:201220227121.6[P]. 2012-12-05.

[141] 杨风旺,毛灵涛. 巷道顶板离层临界值确定[J]. 煤炭工程,2009,12(6):

66-69.

[142] 杨建辉,杨万斌,郭延华.煤巷层状顶板压曲破坏现象分析[J].煤炭学报, 2001,26(3):240-244.

[143] 杨双锁,康立勋.煤矿巷道锚杆支护研究的总结与展望[J].太原理工大学 学报,2002,33(4):376-381.

[144] 杨双锁,康立勋.煤矿巷道锚杆支护研究的总结与展望[J].太原理工大学 学报,2002,7(4):376-381.

[145] 杨双锁.回采巷道围岩控制原理及锚固结构的适应性研究[D].徐州:中国 矿业大学,2001.

[146] 杨双锁.煤矿回采巷道围岩控制理论探讨[J].煤炭学报,2010,35(11): 1842-1853.

[147] 杨晓杰,宋扬,陈绍杰.煤岩强度离散性及三轴压缩实验研究[J].岩土力 学,2006,27(10):1763-1766.

[148] 杨晓杰,宋扬.三轴压缩煤岩强度及变形特征的实验研究[J].煤炭学报, 2006,31(2):150-153.

[149] 杨晓杰.煤岩强度、变形及微震特征的基础实验研究[D].青岛:山东科技 大学,2006.

[150] 于立宏.顶板离层监测系统在五阳矿井下的应用[J].煤,2008,17(3): 24-25.

[151] 于涛,王来贵.覆岩离层产生机理[J].辽宁工程技术大学学报,2006,25 (A2):132-134.

[152] 袁亮.淮南矿区煤巷稳定性分类及工程对策[J].岩石力学与工程学报, 2004,23(A2):4790-4794.

[153] 袁亮.深井巷道围岩控制理论及淮南矿区工程实践[M].北京:煤炭工业 出版社,2006.

[154] 岳中文,杨仁树,闫振东,等.复合顶板大断面煤巷围岩稳定性实验研究 [J].煤炭学报,2011,36(A1):47-52.

[155] 曾佑富,伍永平,来兴平,等.复杂条件下大断面巷道顶板冒落失稳分析 [J].采矿与安全工程学报,2009,26(4):423-427.

[156] 张百胜,康立勋,杨双锁.大断面全煤巷道层状顶板离层变形数值模拟研 究[J].采矿与安全工程学报,2006,23(3):264-267.

[157] 张百胜,闫永敢,康立勋.接触单元法在层状顶板离层变形分析中的应用 [J].煤炭学报,2008,33(4):387-390.

[158] 张东,苏刚,程晋孝.深井大采高综采工作面切眼联合支护技术[J].煤炭

学报,2010,35(11):1883-1887.

[159] 张刚,吕兆海,田坤.破碎围岩条件下大断面巷道动力失稳分析[J].煤炭技术,2008,27(12):76-78.

[160] 张国锋,于世波,李国锋,等.巨厚煤层三软回采巷道恒阻让压互补支护研究[J].岩石力学与工程学报,2011,30(8):1619-1626.

[161] 张国华,张雪峰,蒲文龙,等.复合顶板离层分析与预应力锚杆支护参数确定[J].辽宁工程技术大学学报(自然科学版),2010,29(2):182-186.

[162] 张军.深部巷道围岩破坏机理及支护对策研究[D].北京:中国矿业大学(北京),2010.

[163] 张里程.庞庄煤矿七煤顶板离层界限值的确定[J].水力采煤与管道运输,2010,12(3):73-74.

[164] 张明建,郜进海,王大顺."三软煤巷围岩移动规律研究"[J].地下空间与工程学报,2009,12(5):910-919.

[165] 张农,高明仕.煤巷预拉力支护体系及其工程应用[J].矿山压力与顶板管理,2002,6(4):1-6.

[166] 张农,侯朝炯,王培荣.深井三软煤巷锚杆支护技术研究[J].岩石力学与工程学报,1999,18(4):437-440.

[167] 张农,李桂臣,阚甲广.煤巷顶板软弱夹层层位对锚杆支护结构稳定性影响[J].岩土力学,2011,32(9):2753-2758.

[168] 张农,李桂臣,许兴亮.泥质巷道围岩控制理论与实践[M].徐州:中国矿业大学出版社,2011.

[169] 张农,王成,高明仕,等.淮南矿区深部煤巷支护难度分级及控制对策[J].岩石力学与工程学报,2009,28(12):2421-2428.

[170] 张农,袁亮.离层破碎型煤巷顶板的控制原理[J].采矿与安全工程学报,2006,23(1):34-38.

[171] 张农,袁亮.离层破碎型煤巷顶板的控制原理[J].采矿与安全工程学报,2006,6(1):34-38.

[172] 张少华,曹卫忠,钟国强.DLZ-2型顶板离层指示仪的研制与应用[J].矿山压力与顶板管理,2002,6(4):113-114.

[173] 张盛,勾攀峰,樊鸿.水和温度对树脂锚杆锚固力的影响[J].东南大学学报,2005,35(A1):49-54.

[174] 张文军,张宏伟,于世功.锚杆支护巷道顶板离层监测方法探讨[J].辽宁工程技术大学学报,2002,21(4):421-424.

[175] 张文军,张宏伟,于世功.锚杆支护巷道顶板离层监测方法探讨[J].辽宁

工程技术大学学报,2002,21(4):421-424.

[176] 张文军,张明旭,王东学.锚杆支护巷道顶板离层监测系统软件的开发[J].辽宁工程技术大学学报,2009,28(A2):116-118.

[177] 张勇,闫相宏,宋扬.顶板动态监测集成技术研究[J].矿山机械,2008,24(10):44-47.

[178] 张勇,闫相宏,宋扬.基于网络的煤矿巷道顶板离层计算机监测预报系统研究[J].矿业安全与环保,2008,35(6):29-33.

[179] 张勇.顶板动态监测集成技术研究[D].泰安:山东科技大学,2009.

[180] 张占涛.大断面煤层巷道围岩变形特征与支护参数研究[D].北京:煤炭科学研究总院开采分院,2009.

[181] 章伟,郑进凤,于广明,等.覆岩离层形成的力学判据研究[J].岩土力学,2006,27(A1):275-278.

[182] 赵洪亮,姚精明,何富连,等.大断面煤巷预应力桁架锚索的理论与实践[J].煤炭学报,2007,32(10):1061-1065.

[183] 郑钢镖.特厚煤层大断面煤巷顶板离层及锚固效应研究[D].太原:太原理工大学,2006.

[184] 周明.新汶矿区巷道顶板离层界限值确定与安全评价[J].煤矿开采,2008,13(5):86-88.

[185] 周维垣,杨强.岩石力学数值计算方法[M].北京:中国电力出版社,2005.

[186] 周志利,柏建彪,肖同强.大断面煤巷变形破坏规律及控制技术[J].煤炭学报,2011,36(4):556-561.

[187] 周志利.厚煤层大断面巷道围岩稳定与掘锚一体化研究[D].北京:中国矿业大学(北京),2011.

[188] 朱建明,徐金海,张宏涛.围岩大变形机理及控制技术研究[M].北京:科学出版社,2010.

附　　录

```
ackage com；
import java. awt. BorderLayout；
import java. awt. Dimension；
import java. awt. Font；
import java. awt. HeadlessException；
import java. awt. event. ActionEvent；
import java. awt. event. ActionListener；
import java. util. ArrayList；
import java. util. List；

import javax. swing. JButton；
import javax. swing. JDialog；
import javax. swing. JFrame；
import javax. swing. JLabel；
import javax. swing. JPanel；
import javax. swing. JTextField；
import javax. swing. JComboBox；

import javax. swing. UnsupportedLookAndFeelException；

import javax. swing. border. EtchedBorder；

/ * *
 *
 * /
private static final long serialVersionUID ＝ －2744431865362954852L；
```

```
//参数序列
private List<JTextField> jTextFields = new ArrayList<JTextField>();

// para3
private JComboBox jComboBoxPara3;

// para6
private JComboBox jComboBoxPara6;

// para9
private JComboBox jComboBoxPara9;

// para10
private JComboBox jComboBoxPara10;

public MainFrame(String title, String[] labelNames)
throws HeadlessException {
super(title);
initPanel(labelNames);
this.setDefaultCloseOperation(JFrame.EXIT_ON_CLOSE);
this.setBounds(200, 100, 550, 600); // 弹出窗口距离屏幕初始位置 x=200,
y=100,宽=700,高=600。
this.setSize(550, 600); // 设置窗口的大小,宽=700,高=600。
this.pack();
this.setVisible(true);
}

private void initPanel(String[] labelNames) {
JPanel panel = new JPanel();
panel.setLayout(null);
JLabel jLabel = null;
JLabel jLabel1 = null;
JTextField jField = null;
```

```
jLabel1＝new JLabel("特厚煤层巷道顶板支护安全性判定参数录入与计算判定");
jLabel1. setBounds(60，20，400，30);
// jLabel1. getBackground(Color BLUE)；//设置此标题的背景色
panel. add(jLabel1);

JPanel panelinner ＝ new JPanel();
panelinner. setLayout(null);
// 设置此 panel 的边框
panelinner. setBorder(new EtchedBorder());
panelinner. setBounds(50，80，450，430);
panelinner. setPreferredSize(new Dimension(450，430));
this. add(panelinner，BorderLayout. CENTER);

for (int i ＝ 0；i ＜ labelNames. length；i＋＋) {

jLabel ＝ new JLabel(labelNames[i] ＋ "\t :\t\t");
jLabel. setBounds(20，20 ＋ i ＊ 40，200，30);
panelinner. add(jLabel);

if (i ！ ＝ 2 && i ！ ＝ 5 && i ！ ＝ 8 && i ！ ＝ 9) {
jField ＝ new JTextField();
jField. setBounds(230，20 ＋ i ＊ 40，200，30);
this. jTextFields. add(jField);
panelinner. add(jField);
}

if (i ＝＝ 2) {
jComboBoxPara3 ＝ new JComboBox();
jComboBoxPara3. setBounds(230，20 ＋ i ＊ 40，200，30);
jComboBoxPara3. addItem("锚杆锚固点下");
jComboBoxPara3. addItem("锚杆索锚固点间");
jComboBoxPara3. addItem("锚杆锚固点上");
panelinner. add(jComboBoxPara3);
}
```

```
if (i == 5) {
jComboBoxPara6 = new JComboBox();
jComboBoxPara6.setBounds(230, 20 + i * 40, 200, 30);
jComboBoxPara6.addItem("软煤");
jComboBoxPara6.addItem("中煤");
jComboBoxPara6.addItem("硬煤");
panelinner.add(jComboBoxPara6);
}
if (i == 8) {
jComboBoxPara9 = new JComboBox();
jComboBoxPara9.setBounds(230, 20 + i * 40, 200, 30);
jComboBoxPara9.addItem("强烈");
jComboBoxPara9.addItem("一般");
jComboBoxPara9.addItem("较弱");
panelinner.add(jComboBoxPara9);
}
if (i == 9) {
jComboBoxPara10 = new JComboBox();
jComboBoxPara10.setBounds(230, 20 + i * 40, 200, 30);
jComboBoxPara10.addItem("强烈");
jComboBoxPara10.addItem("一般");
jComboBoxPara10.addItem("较弱");
panelinner.add(jComboBoxPara10);
}

}


JButton jButton = new JButton("计算");
jButton.setBounds(200, 25 + labelNames.length * 50, 80, 35);
jButton.addActionListener(this);

JButton jButton1 = new JButton("返回");
jButton1.setBounds(300, 25 + labelNames.length * 50, 80, 35);
jButton1.addActionListener(new ActionListener() {
```

```
// 在这里编写点击返回按钮清空文本框的计算方法
@Override
public void actionPerformed(ActionEvent e) {
for (int i = 0; i < jTextFields. size(); i++) {
jTextFields. get(i). setText("");
}
}
});
panel. add(jButton1);
panel. add(jButton);

panel. setPreferredSize(new Dimension(550, 600));
this. add(panel, BorderLayout. CENTER);
}

public static void main(String[] args) throws ClassNotFoundException,
InstantiationException, IllegalAccessException,
UnsupportedLookAndFeelException {
new MainFrame("特厚煤层巷道顶板支护安全性判定", new String[] { "离层
值(mm)","离层速度(mm/d)","离层主要位置","夹层厚度(m)","煤层节理
度(条/m3)","煤层强度","顶板变形速度(mm/d)","顶板变形量(mm)","煤
层与夹层受水影响情况","顶板受高应力或动压影响程度" });
}

//在这里编写计算方法
@Override
public void actionPerformed(ActionEvent e) {
long para1 = Integer. parseInt(this. jTextFields. get(0). getText());
long para2 = Integer. parseInt(this. jTextFields. get(1). getText());
String para3 = (String) this. jComboBoxPara3. getSelectedItem();
Float para4 = Float. parseFloat(this. jTextFields. get(2). getText());
long para5 = Integer. parseInt(this. jTextFields. get(3). getText());
String para6 = (String) this. jComboBoxPara6. getSelectedItem();
long para7 = Integer. parseInt(this. jTextFields. get(4). getText());
```

```
long para8 = Integer. parseInt(this. jTextFields. get(5). getText());
String para9 = (String) this. jComboBoxPara9. getSelectedItem();
String para10 = (String) this. jComboBoxPara10. getSelectedItem();

// 下面的注释内容,是判断和计算流程...
double val1;
double val2;
double val3;
double val4;
double val5;
double val6;
double val7;
double val8;
double val9;
double val10;
double val_result;
if (para1 <= 50) {
val1 = 0.0230;
} else if (para1 > 50 && para1 < 100) {
val1 = 0.0534;
} else {
val1 = 0.2071;
}
if (para2 <= 5) {
val2 = 0.0115;
} else if (para2 > 5 && para2 < 50) {
val2 = 0.0410;
} else {
val2 = 0.1460;
}
if (para3 == "锚杆锚固点下") {
val3 = 0.0112;
} else if (para3 == "锚杆索锚固点间") {
val3 = 0.0284;
```

```
} else {
val3 = 0.1198;
}
if (para4 <= 0.3) {
val4 = 0.0790;
} else if (para4 > 0.3 && para4 < 0.5) {
val4 = 0.0204;
} else {
val4 = 0.0088;
}
if (para5 <= 10) {
val5 = 0.0044;
} else if (para5 > 10 && para5 < 50) {
val5 = 0.0197;
} else {
val5 = 0.0626;
}
if (para6 == "软煤") {
val6 = 0.0417;
} else if (para6 == "中煤") {
val6 = 0.0117;
} else {
val6 = 0.0033;
}
if (para7 <= 10) {
val7 = 0.0035;
} else if (para7 > 10 && para7 < 30) {
val7 = 0.0082;
} else {
val7 = 0.0316;
}
if (para8 <= 50) {
val8 = 0.0023;
} else if (para8 > 50 && para8 < 200) {
```

```
val8 = 0.0054;
} else {
val8 = 0.0210;
}
if (para9 == "强烈") {
val9 = 0.0128;
} else if (para9 == "一般") {
val9 = 0.0033;
} else {
val9 = 0.0014;
}
if (para10 == "强烈") {
val10 = 0.0128;
} else if (para10 == "一般") {
val10 = 0.0033;
```

```
String last_result = "";
if (val_result >= 0.6200 && val_result <= 0.7300) {
last_result = "特别危险!!! ——————需及时采取加强措施,并改进支护
方案";
} else if (val_result >= 0.5100 && val_result < 0.6200) {
last_result = "危险! ——————亟需采取加强措施,并改进支护方案";
} else if (val_result >= 0.4000 && val_result < 0.5100) {
last_result = "较危险——————需采取加强措施";
} else if (val_result >= 0.2900 && val_result < 0.4000) {
last_result = "较安全——————可采取加强措施,可优化方案";
} else if (val_result >= 0.1800 && val_result < 0.2900) {
last_result = "安全^_^——————支护稳定性强,无需加强支护,支护方案良
好";
} else if (val_result >= 0.0700 && val_result < 0.1800) {
last_result = "特别安全^_^——————支护稳定性强,无需加强支护,可优化
支护方案";
}
```

```
// 测试用:
// String result = new String( para1 + " * * *" + para2 + " * * *" +
para3 +
// " * * *" + para4 + " * * *" + para5 + " * * *" + para6 + " * * *"
+ para7 + " * * *"
// + para8 + " * * *" + para9 + " * * *" + para10);
String result=new String(last_result);//点击计算,输出安全级别与处理建议
// show result
JPanel jPanel = new JPanel();

JLabel jLabe2 = new JLabel("判定结果为:");
jLabe2. setBounds(0, 0, 550, 80);
jLabe2. setFont(new Font("Microsoft YaHei", Font. PLAIN, 18));
jPanel. add(jLabe2, BorderLayout. WEST);

JLabel jLabel = new JLabel(result);
jLabel. setBounds(0, 80, 550, 80);
jLabel. setFont(new Font("Microsoft YaHei", Font. PLAIN, 18));
jPanel. add(jLabel, BorderLayout. CENTER);
dialog. add(jPanel, BorderLayout. CENTER);
dialog. setVisible(true);
}}


package com;

import java. awt. Dimension;
import java. awt. Point;
import java. awt. Rectangle;
import java. awt. event. ActionEvent;
import java. awt. event. ActionListener;
import java. net. URL;

import javax. swing. ImageIcon;
import javax. swing. JButton;
```

```java
import javax. swing. JFrame;
import javax. swing. JLabel;
import javax. swing. JLayeredPane;
import javax. swing. JPanel;

public class LogoFrame extends JFrame implements ActionListener {

/ * *
 *
 * /
private static final long serialVersionUID = 98531209790806924L;

private static URL IMAGE_FILE_PATH = LogoFrame. class. getResource("
qihx. jpg");

private static Float ENTER_BUTTON_LEFT = 0.75f; //进入按钮的左侧起
                                        始位置百分比
private static Float ENTER_BUTTON_TOP = 0.85f; //进入按钮的右侧起始
                                        位置百分比

private String title;

public static void main(String[] args) {
new LogoFrame("特厚煤层巷道顶板支护安全性判定系统");
}

public LogoFrame(String title) {
super(title); // 以指定的 TITLE 初始化 LogoFrame
this. title = title;// 保存 TITLE 用取下一个 JFrame
final JLayeredPane jLayeredPane = new JLayeredPane();

JPanel bgPanel = new JPanel();// 图形界面的主 Panel
//this. getContentPane(). add(bgPanel);
ImageIcon image = new ImageIcon(IMAGE_FILE_PATH);// 以指定的文件
```

创建一个 ImageIcon 对象

JLabel label = new JLabel(image);//用 ImageIcon 对象创建一个 JLabel

label. setBounds(0, 0, image. getIconWidth(), image. getIconHeight());
//设定图片 label 的大小

final Dimension initialDimension = new Dimension(image. getIconWidth(),
image. getIconHeight());

final Point origin = new Point(0, 0);

      final Rectangle rectangle = new Rectangle(origin, initialDimension);

      bgPanel. setBounds(rectangle);

      bgPanel. add(label);

      jLayeredPane. setPreferredSize(initialDimension);

      jLayeredPane. add(bgPanel, JLayeredPane. DEFAULT_LAYER);
//背景层

JPanel fPane = new JPanel();// 图形界面的主 Panel

JButton enterButton = new JButton("进入");

this. getLayeredPane(). add(enterButton, JLayeredPane. DEFAULT _ LAY-
ER);// 将 LogoFrame 布局分层,将图片 label 置于上一层

enterButton. setBounds(

new Float(ENTER_BUTTON_LEFT * image. getIconWidth()). intValue(),

new Float(ENTER_BUTTON_TOP * image. getIconHeight()). intValue(),

80, 35);

enterButton. addActionListener(this);

fPane. setBounds(rectangle);

fPane. setLayout(null);

fPane. setOpaque(false);

fPane. add(enterButton);

jLayeredPane. add(fPane, JLayeredPane. MODAL_LAYER);// 背景层

this. getContentPane(). add(jLayeredPane);

```
this. setDefaultCloseOperation(JFrame. EXIT_ON_CLOSE);
this. setSize(initialDimension);
this. pack();
this. setVisible(true);
}
@Override
public void actionPerformed(ActionEvent e) {
this. dispose();

new MainFrame("特厚煤层巷道顶板支护安全性判定", new String[] { "离层
值(mm)","离层速度(mm/d)", "离层主要位置", "夹层厚度(m)", "煤层节理
度(条/m³)", "煤层强度", "顶板变形速度(mm/d)", "顶板变形量(mm)", "煤
层与夹层受水影响情况", "顶板受高应力或动压影响程度" });

}
public String getTitle() {
return title;
}

public void setTitle(String title) {
this. title = title;
}
}
```